U0283881

全屋定制

生产与安装

杨清 编著

江苏凤凰科学技术出版社 · 南京

图书在版编目（CIP）数据

　全屋定制. 生产与安装 / 杨清编著. —— 南京 ：江
苏凤凰科学技术出版社，2022.1
　ISBN 978-7-5713-2441-4

　Ⅰ．①全… Ⅱ．①杨… Ⅲ．①住宅－室内装饰设计
Ⅳ．①TU241

中国版本图书馆CIP数据核字(2021)第200240号

全屋定制　生产与安装

编　　著	杨　清	
项 目 策 划	凤凰空间 / 杜玉华	
责 任 编 辑	赵　研　刘屹立	
特 约 编 辑	杜玉华	

出 版 发 行	江苏凤凰科学技术出版社
出版社地址	南京市湖南路1号A楼，邮编：210009
出版社网址	http：//www.pspress.cn
总 经 销	天津凤凰空间文化传媒有限公司
总经销网址	http：//www.ifengspace.cn
印　　刷	北京博海升彩色印刷有限公司

开　　本	710 mm×1000 mm　1 / 16
印　　张	12
字　　数	192 000
版　　次	2022年1月第1版
印　　次	2022年1月第1次印刷

标 准 书 号	ISBN　978-7-5713-2441-4
定　　价	69.80元

序

全屋定制是集家具设计、生产、安装、售后于一体的现代家具定制解决方案，其建立在大规模生产的基础上，根据消费者的个性化要求来制造专属家具。

我国的全屋定制产业起步于 2015 年前后，2018 年开始全面发展。全屋定制的市场需求主要集中在制作工艺上，它能将传统木工制作工艺集成为机械加工，过滤掉传统木工加工的粗糙与瑕疵，解放木工、施工员的生产力。

全屋定制包括整体衣柜、整体书柜、整体橱柜、酒柜、鞋柜、电视柜、入墙柜、装饰墙板、吊顶等产品，是众多家具厂商推广产品的重要手段。

全屋定制成为家装发展的主流主要有三个因素：

1. 符合现代生活审美需求。消费者越来越注重生活品位的提高，讲究家具的实用性能，兼顾艺术审美价值。全屋定制个性突出，在生产过程中追求与消费者的深度沟通，充分满足消费者的生活习惯和审美标准。

2. 简化装修流程。传统装修周期长且需要业主自行购买的材料太多，没有经验的业主很容易买到劣质材料。全屋定制能大大简化装修流程，设计施工一体化让消费者享受家具生产的整体性优势，上门安装时间为 2 ～ 3 天，节约了大量现场施工时间。

3. 达到环保新高度。传统木工现场制作家具采用凹形扣条来遮挡板材的裁切面，无法全方位封闭裁切面，导致甲醛等有害物质从板材中释放出来。全屋定制家具构造的裁切面全部为机械热压封边，贴合度高，外形美观，无凸出构造，方便使用的同时还能防止甲醛逸出。

本书开启了我国全屋定制产业的全新模式，从消费者需求分析到下单，从组织生产到配送上门安装等各个环节紧密相连。书中详细介绍了全屋定制产品的材料选用、制作工艺，特别注重设计研发过程，将设计图纸与生产定制融合为一体。

全屋定制是家装全新的发展方向，希望本书能得到广大读者的认可。

创鼎国瑞装饰集团董事长　刘峻

目录

第1章

全屋定制运营介绍

全屋定制门店

重点概念：运营市场、发展前景、运营流程、消费群体、从业人员。

章节导读：全屋定制在形式与功能上兼具优势，能满足公众个性化需求。整体衣柜、步入式衣帽间、入墙衣柜、书柜、酒柜、鞋柜、电视柜、橱柜、集成吊顶、墙板、楼梯等多种产品均属于全屋定制范畴。这种定制家居配置能够为公众提供优质的生活体验，在未来也会受到更多人的青睐。

1.1 市场与销售前景

1.1.1 全屋定制的优势

全屋定制的优势如下：

①满足消费者个性需求	②减少库存积压并加速资金周转	③降低营销成本并增加销售量
④增强消费互动并加速产品开发	⑤盈利空间大且回报率高	⑥轻松实现全屋配套
⑦具有品牌效应	⑧最大化地利用室内空间	⑨提供一站式服务

1.1.2 全屋定制的劣势

全屋定制的入行门槛比较低，需要的起步资金也较少，其行业劣势如下：

①需要较多的专业人才	②产品品种、规格较多	③没有完整的行业标准
④数据化与信息化水平不高	⑤售后服务团队协作性不强	⑥设备利用率较低

> **小贴士**
>
> **全屋定制的运营渠道模式**
>
> 全屋定制主要有直营店、专卖店、联营店这几种运营渠道。直营店的店面人员为厂家人员；专卖店的店面人员由经销商管理，厂家只负责供货、培训等；联营店则由经销商出资，由厂家进行管理。

1.1.3 全屋定制发展前景

1）市场调研

充分了解全屋定制市场状况，能够帮助从业人员更好地进行全屋定制的生产工作。

全屋定制家居市场调研问卷

您好，本次调查不用于商业用途，非常感谢您能在百忙之中抽出宝贵的时间参与调查，我们会对您的隐私保密，所以请您放心答题。

1. 您的性别为？ □男　　　□女	2. 您的年龄是？ □ 20 ~ 25 岁　□ 25 ~ 35 岁　□ 35 ~ 45 岁 □ 45 ~ 60 岁　□ 60 岁以上
3. 您的家庭属性为？ □单身　□订婚　□新婚　□已婚 □已婚且有小孩	4. 您家庭的月收入为多少？ □ 0.5 万元以下　□ 0.5 万 ~ 1 万元　□ 1 万 ~ 1.5 万元 □ 1.5 万 ~ 3 万元　□ 3 万元以上
5. 您了解全屋定制家居吗？ □听说过　□不了解　□非常了解	6. 全屋定制单价为多少您能接受？ □ 500 ~ 1000 元 / m^2 □ 1000 ~ 1500 元 / m^2 □ 1500 ~ 2000 元 / m^2　□ 2000 元 / m^2 以上
7. 您更喜欢成品家具还是定制家具？ □成品家具　□定制家具　□视情况而定	8. 您通过何种途径了解了全屋定制？ □电视广告　□传单　□朋友介绍　□其他
9. 您喜欢哪种装修风格？ □现代简约风格　□传统中式风格 □地中海风格　□田园风格　□北欧风格 □简欧风格　□工业风格　□混搭风格 □日式风格　□极简风格　□乡村风格	10. 您了解哪些全屋定制的材料？ □实木板　□颗粒板　□密度板　□多层夹板 □生态板　□禾香板　□刨花板　□纤维板
11. 您个人认为评价全屋定制质量好坏的标准是什么？ □材料品质的高低　□做工的细节　□精致程度　□外形的美观性　□使用的舒适性　□使用的合理性　□良好的售前售后服务　□其他	12. 您会因为什么原因而选择全屋定制？ □价格　□有个性　□充分利用空间 □装饰效果好　□满足个人习惯　□其他
非常感谢您对我们此次调查的配合！我们会保护答题人的隐私，您所回答的信息对我们今后工作非常有价值！再次感谢您的配合，谢谢！	

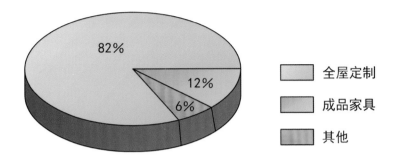

用户选择比例

经过问卷调查，约有82％的用户愿意选择全屋定制家具，全屋定制产品具有更高的品质和体验感；约有6％的用户愿意选择成品家具，运输安装方便快捷；仍然有约12％的用户愿意选择现场制作家具的传统装修模式，能自主操控施工全程。

通过调研问卷，可了解全屋定制、成品家具等在公众选择中所占的比例，这也是分析全屋定制发展前景的重要参考资料。

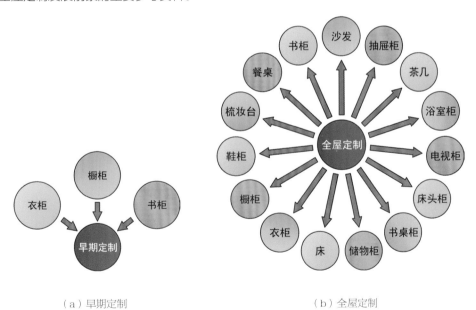

（a）早期定制　　　　　　　　　　　（b）全屋定制

早期定制与全屋定制的区别

左：早期定制家具门类较少，主要集中在设备材料较多的橱柜上，后来逐渐拓展到衣柜和书柜上，家具内部会增加更多五金件等构造。

右：如今全屋定制克服了复杂材料搭配难的问题，能在全屋定制家具中轻松集合多种型材，解决材料不匹配的工艺难题。

2）行业竞争格局分析

随着互联网的全面发展，公众逐渐习惯线上消费，这种消费形式简单、方便。为了迎合公众线上消费的习惯，目前已有一部分全屋定制企业在自有网站上开展线上营销操作，同时结合线下实体店进行双向营销，这种操作也为扩大全屋定制销售市场提供了良好帮助。

全屋定制作家具为个性化产品，需要与客户保持良好的互动性，因此，在大多数情况下还需要依赖线下实体店。近几年来，越来越多的全屋定制企业进入公众的视野，如尚品宅配、索菲亚等。通过分析这些企业的营收增长率与竞争优势，可以看到未来的全屋定制行业发展还是很有前景的。

3）影响全屋定制发展前景的因素

全屋定制行业的发展前景如何，与全屋定制在未来的应用率有着直接的关系。应用率越高，全屋定制企业能获取的利润就越多，全屋定制市场发展的空间也就越大，发展前景自然也就越好。

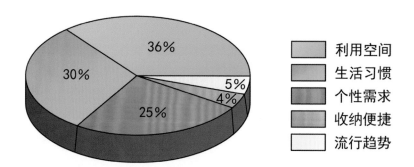

选择定制家具考虑的因素占比
公众选择全屋定制的缘由多种多样，全屋定制所具备的优势在一定程度上能够提高全屋定制的应用率，了解公众选择定制家具考虑的因素占比，能更好地帮助全屋定制行业发展。

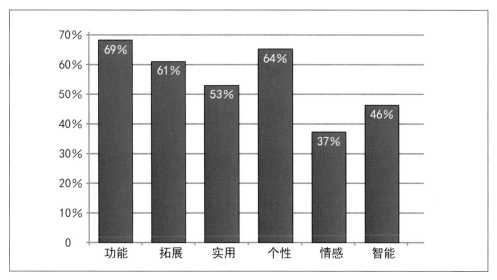

公众需求服务属性占比

通过对公众需求服务属性的分析，可以得知何种功能属性更有益于全屋定制应用率的提升。

1.1.4 全屋定制未来发展趋势

受到房地产市场变动、环保政策、行业布局、电商发展等多方面因素影响，全屋定制的市场地位逐步提升。未来全屋定制将逐渐融合线上、线下的运营模式，深耕市场，开拓出一条集研发、生产、销售、服务于一体，吸收中国文化精髓，以品牌为中心，以市场为导向的发展道路。

```
                    全屋定制未来发展趋势

①向家居      ②出现具      ③提升企      ④行业内      ⑤销售额      ⑥注重设      ⑦市场认
环保方向      有领头能      业核心竞      资源共享      度大幅度      计品质与      知度提高
发展          力的优质      争力                      提高          安装工艺      且具有包
              企业                                                  品质          容性
```

1.2 市场运营流程

1.2.1 市场运营循环

市场运营是一个不断循环的过程，不断满足市场需求，其最终目的是获取利润，并在允许的基础条件下扩大市场规模。市场运营是一个封闭循环圈，包含引流、筛选、促销、转化、总结这几个元素，这也是完善全屋定制市场运营体系的重要条件。

市场运营闭环的具体工作内容如下：

引流：与客户沟通，利用线上、线下促销活动等来吸引新客户。

筛选：选择合适的平台吸引有效客户并留住客户。

促销：线上、线下的各类营销活动。

转化：将目标客户转化为业务量，并获取经营利润。

总结：分析用户行为与销售情况，调整运营策略，准备下一轮营销。

1.2.2 市场运营流程

全屋定制市场与传统家具市场有所不同，它需要各环节进行有序搭配，并全程跟踪记录这套流程中所产生的问题与数据，将信息反馈给销售、设计、安装等多个部门，便于更好地调配运营资源。

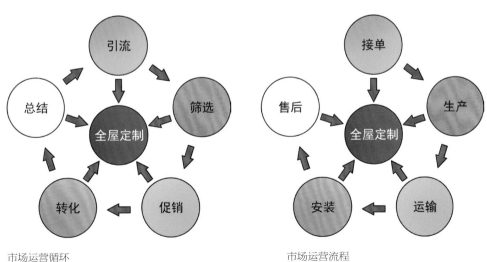

市场运营循环　　　　　　　　　　　　　　　　　市场运营流程

1.2.3 全屋定制标准化工作流程

全屋定制标准化工作流程如下：

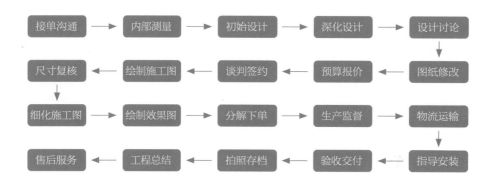

1）接单沟通

主要沟通内容包括客户家庭成员、对产品材质的要求、客户喜好风格、投入资金、客户地址、其他具体工程等。

2）内部测量

测量工程所包含的内容较多，不同项目的测量注意事项见下表。

全屋定制测量注意事项

测量项目	测量注意事项
木门类测量	●确认客户选用的款式、线条与框板规格； ●现有门套装饰线条是否完整； ●定制家具与墙面或其他构造是否有矛盾； ●洞口每个面的尺寸误差； ●注明开门方向，明确门洞形状、尺寸
墙板类测量	●测量墙面标高，梁、柱尺寸，并记录室内所有尺寸，如电源位置； ●门洞或窗洞的位置需重点测量； ●客户所需的地面材料与踢脚线材料，确认形状、尺寸
柜体类测量	●不同功能区柜体与吊顶、灯源、插座之间的关系； ●柜体位置、尺寸是否与室内空间格局相符

3）初始设计

初始设计的重点在于如何将客户的设计需求与实际结合。

4）深化设计

根据测量尺寸与客户要求调整设计图纸，细化柜体、墙板、木门等的设计细节。

5）设计讨论

与客户二次接触，向客户阐明设计方案的特点，设计方案要有特色与创新，考虑设计的可行性。

6）图纸修改

对客户有疑问或不满意的设计环节进行修改，并重新设计两套以上的备选方案。

7）预算报价

询问客户的期望价格，标明项目名称、项目单价、项目总价等信息，报价项目应当在图纸中体现出来。

8）谈判签约

确定合作意向，签订合同，应当向客户说明签约事项与合同重点。

9）绘制施工图

依据设计图纸绘制基础施工图纸，图纸绘制完成后需要施工方、客户、设计师签字确认。

10）尺寸复核

为了保证施工的准确性与安全性，施工之前要再次进行尺寸复核，可拍照记录。

11）细化施工图

细化设计图纸内容，标注开关、插座等的位置，注明修改的设计细节。

12）绘制效果图

签约之后即可绘制效果图，或在设计图纸细化后再绘制效果图，这样也能更精准地表现设计细节。

（a）书房榻榻米　　　　　　　　　　（b）更衣间

全屋定制效果图

13）分解下单（拆单）

依据设计图纸与施工图纸开始下料，注明材料类别、油漆工艺要求、木工工艺要求、工厂配置五金、包装运输要求、安装工艺要求等信息。

14）生产监督

确保精准下料，要全程监督，保证生产尺寸与产品设计尺寸一致。

15）物流运输

产品生产完成后预约送货时间，做好产品包装，降低运输途中的损坏率。

产品加工　　　　　　　加工完毕的板材　　　　　　待运输的产品

16）指导安装

在工厂进行预装，上门安装完毕后应告知客户相关的保养方法与清洁方法。

17）验收交付

安装完成后由客户验收，主要检查产品的外观是否有损坏、材料色泽是否光鲜、是否与设计合同上所标明的色彩一致、产品内部结构是否稳固、五金配件能否正常使用、使用时是否有噪声等。

18）拍照存档

验收结束应当拍照存档，拍照内容主要包括产品整体、产品重点局部、产品与室内环境等。

定制书架安装

验收合格报告

拍照存档

19）工程总结

总结设计经验与施工经验，为下一次施工提供经验指导。结清工程款，完全退出施工现场。

20）售后服务

在合同规定的期限内，若产品出现非客户原因造成的问题，则经销商或厂商应当上门维修或更换产品。

1.3　全屋定制消费群体

1.3.1　消费群体的要求

全屋定制几乎适用于所有家居消费群体，它兼具实用性与美观性，满足公众对居住环境、设计审美等方面的不同需求。了解消费群体的要求，能够帮助企业完善全屋定制生产体系，同时制定合适的营销策略。

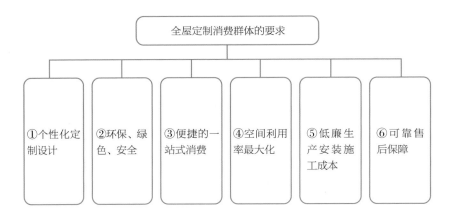

1.3.2　全屋定制消费群体

目前全屋定制的消费群体主要是 80 后、90 后，这些消费群体喜欢有个性、有创意的设计，全屋定制能够更好地满足他们的需求。

1.4 从业人员配置

全屋定制囊括了多项服务，产品的生产与安装需要多岗位工种配合完成。其中市场、导购、设计、生产调度、物流、安装、售服等为主要职能人员，具体人员配置如下：

1）店长

店长主要负责协助生产工厂完成客户订单的交货任务，组织团队活动，协调店内人员关系，管理店内事务与员工。

2）营销顾问

营销顾问主要负责市场推广工作，包括品牌宣传、活动策划、网站运营、营销文案管理、对接新媒体、对接电商平台等。

3）门店设计师

门店设计师主要负责测量空间尺寸、绘制设计图纸等工作，并对客户、加工人员、安装人员等讲解设计思想。

4）拆单审单人员

拆单审单人员主要负责接收、审核订单与设计图纸。与门店设计师沟通设计方案，将图纸导入工厂后端拆单软件中，并拆成生产工艺数据，审核后将其导入管理软件中。

5）财务人员

财务人员主要负责审核当前订单运营状况，审核经销商信用等级、订单付款情况等。

6）原料采购人员

原料采购人员主要负责生产原料采购，将购回的原料放入对应的仓库中。根据领料清单，将材料配齐给产线工人。

7）产线工人

产线工人主要负责根据生产流程卡，将对应的板件放置于加工机器上，进行开料、封边、开槽、打孔等加工，对部分产品使用手工锯进行加工。

8）包装分拣工人

包装分拣工人主要负责清理加工完毕的板件，用扫描设备采集板件数据信息，使用包装纸将其分类包装，贴好包装标签。

9）成品仓管人员

成品仓管人员主要负责扫描成品包装上的条形码，将成品进行编码、入库操作。检查发货清单是否有漏项，确认无误后，便可填写物流信息，完成成品发货。

10）安装工人

安装工人主要负责成品的安装，识读设计图纸，了解图纸结构与安装方式，现场修改设计，应对客户提出的问题。

11）售后服务人员

售后服务人员主要负责安排产品的维修、保养工作，并负责跟踪调查客户对全屋定制产品的使用体验。

第 2 章

全屋定制预算与成本

全屋定制家居配置

重点概念：概预决算、门店报价、成本核算、合同签订。

章节导读：全屋定制的价值与其成本息息相关，和价格多为正比关系，生产商可以通过全屋定制设计图纸，结合材料、人工等的市场价格，快速地计算出全屋定制的大致价格。另外，为了获取精准的报价，也为了更好地与客户交流，生产商还需理清材料成本、人工成本、管理成本等要素，并进行细致的成本核算，才能保证获取利润。

2.1 全屋定制的概、预、决算

在编制预算之前，需要了解客户的基本情况，包括姓名、年龄、职业、性格、爱好、工作时间、家庭情况等，并进行简单记录。

客户信息表

一、客户信息			
姓名		联系电话	
年龄		职业	
家庭成员		个人喜好	
二、房屋基本信息			
房屋面积		户型	
地址		精装房	是（ ）否（ ）
全屋定制风格		预算	
三、沟通情况			
沟通记录	1. 2. 3.		
备注			

2.1.1 简单的快速概算

要想快速做好全屋定制预算，应了解市场上板材与五金配件的价格。

1）影响定价的因素

影响全屋定制定价的因素主要有以下几种：

（1）板材。板材材质、加工方式、加工成本不同，导致最终定价也有所不同。

（2）品牌。全屋定制的品牌定位不同，给予客户的体验感便不同，最终定价也有所不同。

（3）制作工艺。定价受产品造型、外观、色泽等因素影响，通常造型美观、色泽亮丽、工艺精湛的全屋定制产品的价格会更高。

（4）五金配件。五金配件的材质、外观、品牌等都会影响最终的价格，且配件价格与全屋定制总造价关系密切。

全屋定制实木产品

实木板材天然、环保，表面纹理清晰，在选材、烘干、指接、接缝等方面要求较高，在视觉上给人一种沉稳感。通常价格在9000元/套以上，具体价格会因市场情况不同而发生改变。

全屋定制人造板产品

人造板板材具有较好的使用性能，该板材可个性化定制，板面色泽、纹理均能给人较好的视觉美感，且装卸方便。通常价格在6500～7000元/套，具体价格会因市场情况不同而发生改变。

2）市场上各类板材与五金配件的价格

市场上各类板材与五金配件的价格可参考下表。

市场上各类板材与五金配件的参考价格

序号	名称	价格	序号	名称	价格
1	实木板	厚 18 mm, 200 ~ 350 元 /m²	14	木线条	宽 60 mm, 6 ~ 8 元 /m
2	刨花板	厚 18 mm, 40 ~ 60 元 /m²	15	塑料线条	宽 20 mm, 1 ~ 2 元 /m
3	中纤板	厚 15 mm, 40 ~ 50 元 /m²	16	石材线条	宽 60 mm, 35 ~ 50 元 /m
4	禾香板	厚 15 mm, 80 ~ 100 元 /m²	17	不锈钢线条	宽 20 mm, 15 ~ 20 元 /m
5	多层实木板	厚 15 mm, 60 ~ 80 元 /m²	18	铝合金线条	宽 20 mm, 12 ~ 15 元 /m
6	细木工板	厚 18 mm, 80 ~ 100 元 /m²	19	锁具	20 ~ 30 元 / 件
7	实木门板	厚 15 mm, 250 ~ 400 元 /m²	20	拉手	3 ~ 8 元 / 件
8	烤漆门板	厚 15 mm, 150 ~ 200 元 /m²	21	三合一连接件	0.2 ~ 0.3 元 / 件
9	吸塑门板	厚 15 mm, 80 ~ 100 元 /m²	22	挂架	15 ~ 20 元 / 件
10	三聚氰胺饰面	厚 0.5 mm, 20 ~ 25 元 /m²	23	铰链	1.5 ~ 3 元 / 件
11	实木皮饰面	厚 2 mm, 40 ~ 50 元 /m²	24	滑轨	10 ~ 15 元 / 件
12	波音软片饰面	厚 1.2 mm, 30 ~ 40 元 /m²	25	磁碰	0.5 ~ 0.8 元 / 件
13	防火板饰面	厚 1.5 mm, 25 ~ 40 元 /m²	26	气动支撑杆	15 ~ 20 元 / 件

2.1.2 预算定价编制

1）编制前的准备

在正式编制预算前，需要备齐相关的资料，要有条理地进行预算的编制工作，具体准备工作如下：

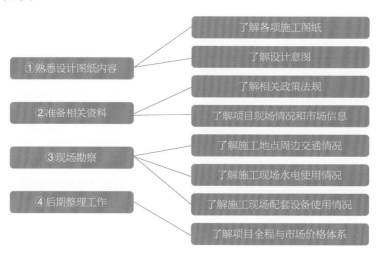

2）编制依据

全屋定制预算编制依据

①计算精准的工程量　②国家与行业有关法律、法规或规定　③项目的资金　④项目所在地有关的经济、人文等社会条件　⑤项目的管理施工条件　⑥项目涉及的设备、材料供应及价格　⑦正常的生产、安装组织　⑧有关文件、合同、协议等

3）预算定价机制

这里主要介绍全屋定制家具价格的计算方式。

（1）按照投影面积计算。柜体总价＝柜体宽度 × 柜体高度 × 板材市场单价。这种计价方式需要向生产商确认以下内容：是否包含柜门报价；柜体的宽度、高度、深度尺寸等是否有限制；是否包含抽屉、拉篮、格子架、裤架等功能配件。

（2）按照展开面积计算。分解柜体的结构，将板材、五金、隔板、背板、相关配件等全部分开来计算面积与单价，最后相加得出柜体的最终价格。

目前，市场上多选用"按照展开面积计算"的方式来进行全屋定制家具计价。这种计价方式能直观体现出设计细节的个性化与人性化程度，能清楚地展现柜体每个部分使用的是何种材料，但计算起来比较麻烦，报价表也过于详细，需要销售人员具备较高的专业素质。

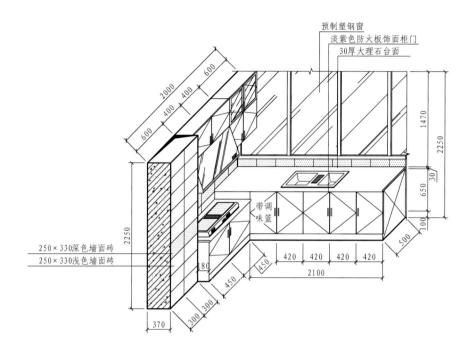

定制橱柜轴测图（单位：mm）

定制橱柜轴测图能清晰反映出橱柜的立体空间，这也是预算定价中不可缺少的一类图纸。

2.1.3　全屋定制竣工决算统计

1）竣工决算的意义

竣工决算能全面反映出全屋定制项目的经济效益是否可观，能反映出全屋定制项目的实际造价。

2）竣工决算的内容

竣工决算主要由竣工财务决算说明书、竣工财务决算报表、竣工项目图纸、项目造价比较分析四部分组成。其中，竣工财务决算说明书需包括全屋定制项目概况说明、全屋定制价款结算说明、资金分配说明、预算执行情况分析、新增生产能力的效益分析、待解决的问题、补充说明等内容。

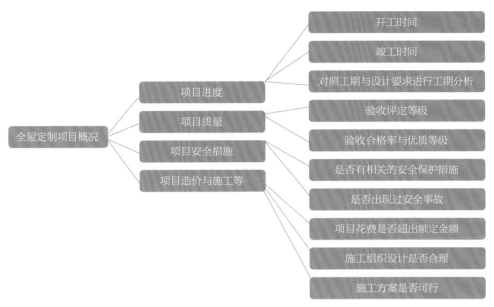

全屋定制细节内容

全屋定制竣工工程概况表（参考示例）

项目名称			建设地址			
主要设计单位			主要施工企业			
项目面积			总投资（万元）			
施工起止时间	设计	从 ×××× 年 ×× 月开工至 ×××× 年 ×× 月竣工				
	实际	从 ×××× 年 ×× 月开工至 ×××× 年 ×× 月竣工				
设计概算批准文号：						
新增生产能力	能力（效益）名称		设计			
			实际			
完成主要工程量	建筑面积（m²）		设计			
			实际			
	设备（台、套、t）		设计			
			实际			
支出	项目		概算	实际		主要指标
	安装工程					
	设备、工具、器具					
	管理费					
	合计					
主要材料消耗	名称	板材			五金配件	
	单位					
	概算					
	实际					
主要技术经济指标						
收尾工程	工程内容		投资额		完成时间	

3）竣工决算的编制步骤

编制全屋定制竣工决算应按照以下步骤进行：

（1）整理分析资料。在编制竣工决算之前，需收集相关资料，随时记录施工进度。在竣工验收过程中，需整理出所有相关的技术资料、工程决算文件、施工图纸、各种变更与签证资料等。

（2）整理账目与物资。编制前要仔细核对账目，查点库存，确定是否有漏项或重复列项，且所有清点完的材料、器具要根据规定及时处理。

（3）填写竣工决算报表。竣工决算报表的内容应根据编制依据中的有关资料进行统计，确定无误后才可将最终的计算结果填入相对应的表格中。

（4）编写竣工决算说明书。竣工决算说明书的编写要符合竣工决算说明的内容与要求，所编写的内容应具备科学性、实用性。

（5）审查与审核。所编写的表格与说明书必须经过审核，审核通过且装订成册的决算资料可作为全屋定制项目的竣工文件。

4）全屋定制竣工决算编制说明

（1）竣工决算概况。

（2）预算执行情况说明。

（3）安装设备、工具等购置情况说明。

（4）预留费用使用情况说明。

（5）预算资金调整的使用情况说明。

（6）竣工决算遗留问题处理情况说明。

（7）预算规划的经验总结。

（8）其他需要补充的事项。

2.2 全屋定制门店报价

2.2.1 报价系统软件应用

全屋定制门店因品牌不同，选用的报价系统软件也会有所不同。报价系统软件能以更科学的方式获取精准的报价，且工作效率较高。常见的报价系统软件主要有深化大师、云熙、圆方等几种。

2.2.2 报价案例解析

家具报价是家具设计师根据消费者的订单要求进行的综合报价，由于各企业使用的家具板材、五金配件不同、设计师的水平、安装人员的素质等也存在不同，因此不同的定制家具企业的报价略有不同。

定制橱柜报价表示例

消费者地址				订货日期			
一、基本配置 16+3 箱体，门板颜色 PQ8656，台面颜色 HW- B918							
序号	名称	规格（mm）	用料明细	数量	单位	单价（元）	分类总价（元）
1	上柜	700×350	烤漆	1.08	m	1750×0.88	1663
2	下柜	660×580	国产石英石	3.16	m	2250×0.88	6256
3	台面	600	烤漆	3.26	m	1360	4433
4	合计（元）						12 352
二、功能配件							
序号	名称	规格（mm）	用料明细	数量	单位	单价（元）	分类总价（元）
1	抽屉滑轨	标配	豪华阻尼抽	2	副	680	1360
2	围杆	标配	铝合金	2	副	150	300
3	调味篮	300	线型带阻尼	1	只	980	980
4	拉篮	—	线型带阻尼	1	套	1000	1000
5	出面	—	烤漆	0.49	m²	1299	637
6	台盆工艺	—	台下盆	1	组	298	298
7	包管	700×400	石英石	1	根	398	398
8	合计（元）						4973
9	总价（元）		17 325				
10	送货时间		与消费者约定时间送货上门				

2.3 全屋定制成本核算

全屋定制的成本核算是其成本管理工作的重要组成部分，成本核算过程是对全屋定制产品生产经营过程中各种耗费的真实、直观的反映，同时这个过程也是实施成本管理和进行成本信息反馈的过程。成本核算过程如下：

①确定设计初稿	②根据图纸编制用料清单	③核实各部件材料价格与制作工价
④修订标准成本	⑤根据样品设定价格	⑥全程跟踪打样过程

2.3.1 材料成本核算

全屋定制材料成本主要包括木材成本、五金件成本、包装成本、油漆材料成本等几项，最终的材料成本核算便是这几项成本的总和。

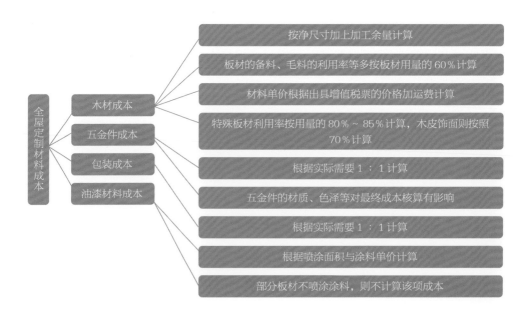

2.3.2　人工成本核算

人工成本多按照材料成本总额的 15% 计算，包含了所有的间接和直接人工成本。在进行最终的人工成本核算时应一一列项，以免有遗漏项。

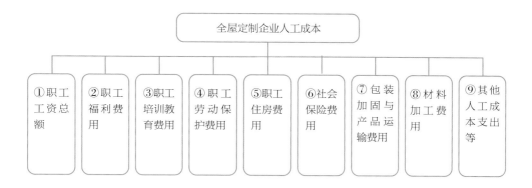

2.3.3　管理成本核算

管理成本是指在全屋定制产品的生产过程中产生的一系列管理费用，包括材料管理费、场地管理费、机器设备管理费等。为了更好地进行管理成本核算，全屋定制生产中心应完善成本核算系统，建立健全的成本管理机构，并全面提高全屋定制产品的成材率，减少不必要的损耗。

2.3.4　综合成本核算案例解析

下面以橱柜为例讲解定制家具的综合成本核算。

橱柜成本核算表

序号	名称	规格（mm）	用料明细	数量	单位	单价（元）	分类总价（元）
1	上柜	700×350	烤漆	1.08	m	1550×0.6	1004
2	下柜	660×580	国产石英石	3.16	m	1850×0.6	3508
3	台面	600	烤漆	3.26	m	1050	3423
4	抽屉滑轨	标配	豪华阻尼抽	2	副	300	600
5	围杆	标配	—	2	副	60	120
6	调味篮	300	线型带阻尼	1	只	300	300
7	拉篮	—	线型带阻尼	1	套	750	750
8	出面	—	烤漆	0.49	m²	850	416.5
9	台盆工艺	—	台下盆	1	组	180	180
10	煤气包管	700×400	石英石	1	m²	200	200
11	搬运费	—	—	1	项	200	200
12	总价（元）						10 701.5

注：折扣是一种营销方式，以实际价格为准。

2.4 全屋定制合同签订

甲、乙双方就全屋定制报价无异议后，即可签订合同，这是全屋定制生产与安装的重要环节，同时能有效保障甲、乙双方的权益，预算也是合同的一部分。

2.4.1 全屋定制合同范本

全屋定制合同范本如下。

全屋定制购货合同书（参考示例）

编号：

全屋定制购货合同书

甲方：

乙方：

签订日期： 年 月 日

现有 ____ 家居____商场（下面统称为乙方）接受_____（下面统称为甲方）的委托，依照《中华人民共和国民法典》及其他有关法律、法规规定，结合全屋定制产品设计、生产、安装的特点，甲、乙双方在自愿、平等、协商一致的基础上，就乙方为甲方设计、生产、安装全屋定制产品达成以下协议：

一、购货产品内容
1. 购货产品内容（详情见附件清单）。
2. 附件：设计图纸，请甲方仔细阅读并签字确认，设计图纸签名后，甲、乙双方不可单方面随意更改，经双方同意更改的需重新出具设计图纸并签名，否则因更改设计图纸而造成的延期责任与费用将由更改一方承担。

二、交货地点：本合同交货地点为甲方签名的地址

三、交货期限、送装时间、付款方式
1. 本合同产品预计制作周期为：__天（法定节假日顺延），合同交货期限自___年_月__日至___年__月__日，在此日期内，乙方送货安装前应与甲方电话联系确认具体的上门安装时间。
2. 付款方式：甲方在签订合同时，应付所购货物的全款，共计_____元（大写：_拾_ 万__仟__百_ 拾__元）给予乙方，乙方根据本合同产品交货期限组织生产。

四、甲方责任
1. 安装产品前，甲方应提供安装该合同产品的合理条件，包括但不限于相关墙面与地面的找平处理工作，由于甲方墙面不平导致产品侧面与墙面出现轻微缝隙，不属于乙方产品质量问题。
2. 甲方应按照乙方提供的水、电、气等管道线路进行前期施工，否则对于在安装过程中钻孔等操作导致的管道线路损坏等损失，乙方不承担责任。
3. 甲方应提供安装期间产生的水费、电费。
4. 如不能当日完工，则甲方应负责安装现场的保卫与消防工作，并需保护好现场板材与配件。

五、乙方责任
1. 乙方负责免费量尺、设计，乙方设计人员根据甲方实际空间及甲方的需求，科学、合理地绘制平面图与效果图。
2. 乙方负责免费安装，在安装中应严格执行安装规范及质量标准，并需按期保质地完成工程。
3. 乙方安装时要保护好室内的原家具与陈设，要保证安装现场的整洁，完工后还需清扫施工现场。
4. 乙方需严格按照合同规定，为甲方提供生产合同上的产品。

六、质量要求
1. 柜身、藤制品、铝型材、门板等系列产品因材料特殊，乙方做到产品外观与样品颜色、纹路近似即属于合格品。
2. 因安装预留尺寸等原因，乙方产品允许有 0.5% 的尺寸误差。
3. 在合同履行过程中，如遇工厂工艺变更，以新工艺加工，不另行通知。
4. 安装完毕，如实际尺寸与合同标注有误差，则应以实际尺寸为基准。
5. 本合同产品属按甲方要求所定制产品，故定制后若非整体质量问题，乙方不接受整体退换。合同产品出现瑕疵（包括送货安装过程中发生的损伤），乙方负责对质量有瑕疵的部分进行返工维修，如返工维修后仍无法正常合理使用，则甲方可对该存在质量问题的部分要求退换。
6. 施工过程中甲方对乙方产品质量发生争议，甲方可到质量检测机构检测认证，并垫付相关费用，经检测认证产品质量符合合同约定的标准，认证过程支出的相关费用由甲方承担；产品如不符合标准，则费用由乙方承担，并负责赔偿甲方由于产品质量而造成的损失。

七、交货期延误
1. 对以下原因造成交货期延误，经甲方确认，交货期相应顺延，乙方不承担赔偿责任：
（1）工程量出现变化或设计出现变更，不可抗力及法定节假日造成货运及安装日期延后；
（2）因气候或国家重大工程等原因所造成的交通不畅，导致货运延期，甲方同意交货期顺延。

2. 因甲方未按照合同约定完成其应负责的工作而影响工期的，交货期顺延。

3. 因甲方原因影响工程质量的，返工费用由甲方承担，交货期顺延。

4. 因乙方责任不能按期完工，交货期不顺延。

5. 因乙方原因影响工程质量，返工费用由乙方承担，交货期不顺延。

八、验收、保修、维护

1. 安装完毕后甲方应及时验收。

2. 如安装使用后出现质量问题，则应按照乙方产品保修卡相关规定办理。

3. 甲方自备产品不在乙方保修范围内，乙方不承担因安装甲方自备产品而造成的任何质量问题。

九、违约责任

1. 合同双方当事人中的任一方因未履行合同约定，导致合同无法履行时，该方应及时通知另一方，办理合同终止手续，并由责任方赔偿对方的经济损失。

2. 合同签订后，如乙方原材料发生重大变化，造成本合同无法履行，则应在复尺日期后的____个工作日内通知甲方，不视为违约，超过____个工作日，则乙方将承担违约责任。

3. 未办理验收手续，甲方提前使用或擅自动用成品而造成损失的，由甲方自行负责；甲方在乙方安装好____个工作日内还未能办理验收手续，乙方视为甲方验收合格。

4. 乙方应该按照合同约定为甲方提供优质的服务及合格的产品，以下责任乙方向甲方提供违约赔偿

（1）如因乙方原因导致不能按期交货的，则乙方应延期每日按合同总价的____‰作为违约金赔偿给甲方，如因乙方原因在交货日期超过____个工作日未交货的，则甲方有权终止本合同，乙方除需按延误时间赔偿外，还需全额退还合同款。

（2）如乙方生产商出现生产质量问题，导致部分产品需进行更换的，或在运输途中丢失或工厂错发、漏发产品的，不计入交货期延误，但乙方应以该部分产品合同价值的____‰作为违约金赔偿给甲方。

（3）如因运输原因造成产品损坏，乙方应免费为甲方更换，但乙方不承担违约赔偿。

（4）如因甲方原因，在交货日期超过____个工作日未提货，甲方需每日按照总金额的____‰作为保管费支付给乙方；如因甲方原因，在交货日期超过____个工作日未提货，则乙方有权终止本合同，并可自行处置本合同产品，所收货款不予退还。

十、合同仲裁

1. 本合同双方发生争执，双方协商解决。

2. 如有重大分歧，且双方协商不成，则由乙方所在地区仲裁机构或人民法院仲裁。

十一、附加条款

1. _____

2. _____

3. _____

十二、附则

1. 本合同经甲、乙双方签字（盖章）后生效；

2. 本合同一式两份，甲、乙双方各执一份；

3. 合同履行完毕后自动终止。

甲方签名（盖章）：　　　　　　　　　　乙方签名（盖章）：

签名（盖章）时间：　　　　　　　　　　签名（盖章）时间：

2.4.2 合同签订注意事项

具体注意事项如下：

①注明门板的型号、颜色、刀型等信息	②注明品牌信息，特殊要求也应在合同上注明	③注明定制家具材质、样式、尺寸、五金配件等各项内容	④室内空间中的管道信息应在附件中注明
⑤注明台面材质、颜色、挡边类型、下挂高度等信息	⑥注明板材的环保等级	⑦注明五金件与相关电器设备等的品牌、颜色、型号、数量、规格等信息	⑧附加预算文件的各项工程量一定要正确

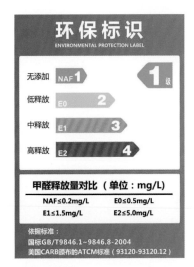

板材环保标识

一般情况下，全屋定制产品生产厂家会对产品样本进行送检，由各地质量监督站进行检测后发放环保标识，产品出厂时会粘贴在产品主要板材或包装上。

第 3 章

软件应用与拆单

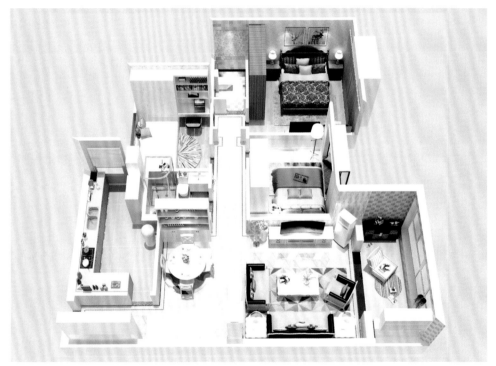

全屋定制家具全景鸟瞰效果图

重点概念：软件介绍、软件应用、制图、拆单。

章节导读：全屋定制的生产与安装需要配合使用设计制作软件。用于全屋定制的设计制作软件较多，部分企业还会研发专属于自己的设计制作软件。得益于这些设计制作软件，全屋定制的生产效率得到了大幅提升，安装的完整度和精准度也得到了有效提高。

3.1 设计软件介绍

3.1.1 常用设计软件介绍

全屋定制常用的设计软件较多，主要有云熙、圆方、数夫 3D 云设计等。

1）云熙

该软件包括生产软件和设计软件，适用于 Windows7、Windows10 等 64 位以上的操作系统，可自由设计柜体造型，操作方便，且能创建模型场景，视觉感较好。该软件还具有强大的生产功能，能自动生成开料单，所拥有的 ERP 生产管理系统操作简单、实用，能很好地适应定制行业的发展。

云熙生产软件版本操作界面
生产软件版本的试用版本有标准版、专业版之分，前者没有侧孔系统，后者有侧孔系统；生产软件版本的正式版本可分为专业版、标准版、多头钻版、五面钻版、六面钻版，通常在生产软件的左下角会有区分。

2）圆方

该软件是集设计、生产、管理、销售于一体的设计软件，主要包括虚拟现实平台、室内设计、室外设计等功能，不仅能任意造型，还能自动生成立面。

3）数夫 3D 云设计

该软件能无缝对接其他设计软件，对接工厂软件后端进行拆单、排产、生产、打包、组装等工作，同时能快速出图，精准报价，以更直观、真实的效果展示全屋定制。

3.1.2 基础设置介绍

下面以云熙设计软件为例，介绍全屋定制软件的基础功能。该设计软件的设置选项主要包括常用、板件、孔位三个部分。

1）常用

（1）常用。包括个性化设置、数据格式设置。个性化设置用于自行设置用户名、语言，数据格式设置则用于设置小数位数、长度单位。

（2）保存。包括自动保存文档设置、数据文件的保存位置设置、订单信息设置。自动保存文档设置可更改自动保存文档的间隔时间，以及自动保存文件的位置；数据文件的保存位置设置可设置家具数据文件的默认保存位置，以及拆单数据文件的默认保存位置。

常用—常用设置

常用—保存设置

2）板件

（1）基本信息。包括板材尺寸设置、封边厚度设置、孔位与划槽设置。

①板材尺寸设置。用于设置长度（L）、宽度（W）、预留边距、柜体板厚度（T）、背板厚度（BT）的具体数值。

②封边厚度设置。用于设置厚边（A）、薄边（B）封边的具体数值。

③孔位与划槽设置。可自行选择是否要生成划槽或生成孔位。

（2）踢脚板。包括两端与侧板的连接孔的条件设置、顶部与底板的连接孔的边距设置。

（3）侧板／中立板。包括侧板与顶底板的孔连接方式设置、三合一偏心件的孔位置设置、与并列连接的侧板／中立板的连接方式设置、与拉条形成90°切角处的处理方式设置，以及上下端面与顶底层板的连接孔的条件设置。

（4）顶底板／层板。包括三合一孔连接方式设置，顶底板与侧板采取三合一孔连接时三合一偏心件的孔位置设置，与并列连接的顶底板／层板的连接方式设置，切角处是否与侧板生成孔连接的设置。

（5）背板。包括盖板式背板与顶底板的连接方式设置，并列厚背板间的连接方式设置，内嵌式厚背板与侧立板、顶底板之间的连接方式设置，划槽式背板与侧板、顶底板之间的划槽加工参数设置。

（6）背板拉条。包括两端连接方式设置、横向拉条与顶底板接触时的连接方式设置、背板加固条是否侧边开槽的设置。

（7）格子架。主要是横板与竖板互嵌划槽的间隙的具体数值设置。

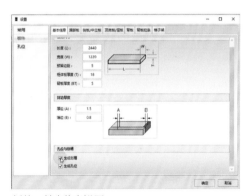

板件—基本信息设置

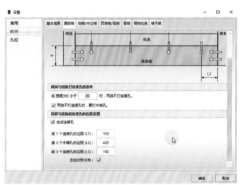

板件—踢脚板设置

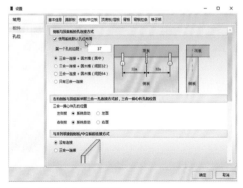

板件—侧板／中立板设置

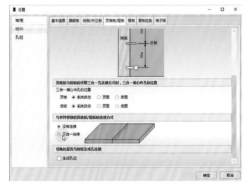

板件—顶底板／层板设置

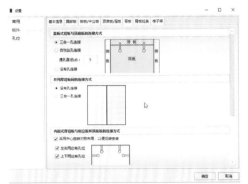

板件—背板设置

板件—背板拉条设置

板件—格子架设置

孔位—布局设置

3）孔位

（1）布局。设置孔位布局方案。

（2）打孔。设置系统自动生成孔位，包括抽屉打孔、门板打孔、配件打孔等。

（3）三合一连接件。设置三合一连接件的尺寸参数，包括偏心件孔尺寸参数设置、连接杆孔尺寸参数设置、圆木榫定位孔尺寸参数设置、预埋孔尺寸参数设置。

（4）二合一连接件。设置二合一连接件的尺寸参数，包括偏心件孔尺寸参数设置、预埋孔尺寸参数设置。

（5）活动层板销。设置活动层板销的尺寸参数，包括预埋孔尺寸参数设置、位置参数设置。

（6）螺钉连接。

孔位—打孔设置

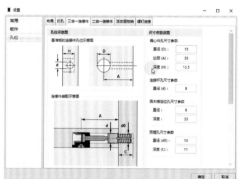

孔位—三合一连接件设置

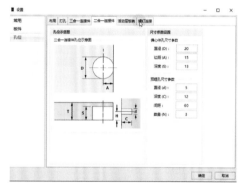

孔位—二合一连接件设置

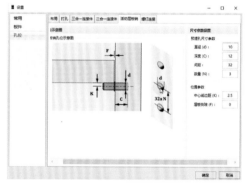

孔位—活动层板销设置

3.2 设计软件应用

下面以采用云熙软件设计基础柜、异型柜、组合柜为例，介绍全屋定制设计软件的应用流程。

3.2.1 基础柜设计：定制衣柜

1）订单建立

确定经销商名、订单编号、订单名称、订单类型、订单套数、订货日期、交货日期、客户姓名、客户联系电话、客户地址、柜体材质等相关信息，并点击"确定"。

建立订单信息

2）选择柜体类型

（1）确定衣柜柜体类型，输入基本参数。设计衣柜柜体的宽度（W）为1600 mm，深度（D）为600 mm，高度（H）为2200 mm，柜体厚度（T）为18 mm，背板厚度（B）为18 mm。

（2）确定好基础参数，选择柜体侧板和顶底板的结合形式，以及柜体背板的安装结构形式，设计衣柜踢脚板的高度（H）为80 mm，边距（D）为5 mm。至此，衣柜的框架初步创建完成。

3）添加柜体结构板

（1）点击"加立板"为衣柜添加中立板；点击"自定义"为衣柜添加背板，衣柜背板厚度设置为18 mm，边距设置为10 mm，数量设置为1。

（2）点击"加层板"为衣柜添加层板，在"参数—空间"面板下，设计宽度为773 mm，先在柜体左侧上部增加层板，锁定上部空间，高度为400 mm；再在柜体右侧中间位置增加层板；最后在柜体左侧下半部分中间位置增加层板，锁定下部空间，高度为400 mm。

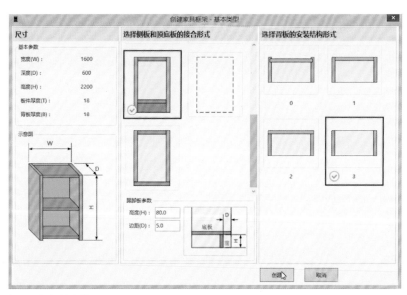

设置衣柜柜体参数

4）调整柜体板件

选择中立板和层板，在"参数—板件"面板下，进行缩进操作，缩进值为100 mm。

5）添加衣通

点击"衣通"为衣柜添加合适的衣通，设计衣通高度为100 mm，深度为300 mm，勾选"深度居中"，预埋孔孔径为5 mm，孔深为6 mm。

柜体框架基本创建完成

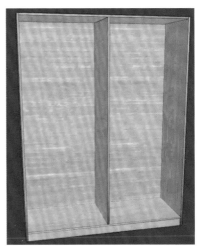

为衣柜柜体添加中立板和背板

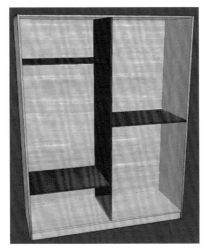

为衣柜添加层板

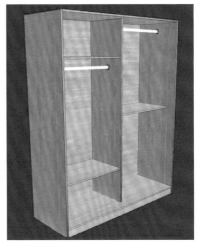

为衣柜添加衣通

6）添加抽屉

（1）点击"抽屉"为衣柜添加合适的抽屉，设计为格子抽，将抽屉面板高度设计为60 mm，抽屉面板缩进值更改为102 mm，并将其拖动至合适位置。

（2）继续添加裤架抽，将抽屉面板缩进值更改为102 mm，并将其拖动至合适位置。

（3）再次点击"抽屉"为衣柜添加普通抽屉，勾选"高度自适应"，抽屉数量设计为2个，侧板长度设计为400 mm，在"参数—板件"面板下，将抽屉缩进值更改为102 mm。至此，衣柜制作完成。

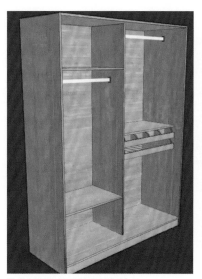
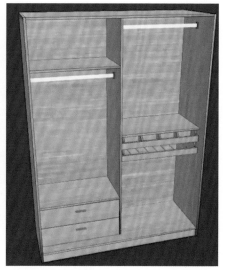

为衣柜添加格子抽和裤架抽　　　　　定制衣柜设计完成

3.2.2 异型柜设计：定制玄关柜

1）订单建立

确定经销商名、订单编号、订单名称、订单类型、订单套数、订货日期、交货日期、客户姓名、客户联系电话、客户地址、柜体材质等相关信息，并点击"确定"。

2）选择柜体类型

（1）确定玄关柜柜体类型，确定之后输入基本参数，设计玄关柜柜体的宽度（W）为1200 mm，深度（D）为400 mm，高度（H）为2100 mm，柜体厚度（T）为18 mm，背板厚度（B）为5 mm。

（2）确定好基础参数，选择柜体侧板和顶底板的结合形式，以及柜体背板的安装结构形式，设计玄关柜柜体背板的安装结构形式为空白形式。

3）添加柜体结构板

（1）点击"加层板"为玄关柜下层结构添加层板，在"参数—空间"面板下，将宽度设置为1200 mm，锁定下部空间，并将高度设置为850 mm。

（2）点击"自定义"面板，在"立板"选项中为玄关柜下层结构依次添加左侧板、右侧板、中立板，并锁定右侧空间，将宽度设置为770 mm。

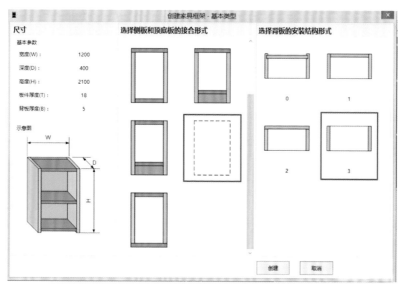

设置玄关柜柜体参数

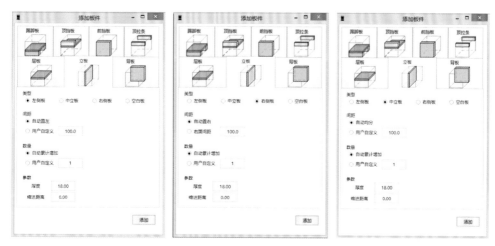

为下层结构依次添加左侧板、右侧板、中立板的相关数值

（3）在"层板"选项中为玄关柜下层结构逐一添加底板，间距自定义为80 mm；在"踢脚板"选项中逐一添加踢脚板，加固拉条数量为0，踢脚板边距（D）设置为2 mm。

（4）点击玄关柜下层结构右侧部分，在"自定义"面板下，为柜体添加背板，并选择合适的接合样式，边距为0 mm。

（5）点击"门"，为玄关柜下层结构右侧部分添加门板，设计为双开门，并点击"隐藏门"。

（6）点击"加层板"，为玄关柜下层结构右侧部分添加层板，在"参数—板件"面板下设置缩进值为 20 mm。

（7）点击"加立板"，为玄关柜下层结构左侧部分添加中立板。

（8）点击"加层板"，为玄关柜下层结构左侧部分添加合适数量的层板。

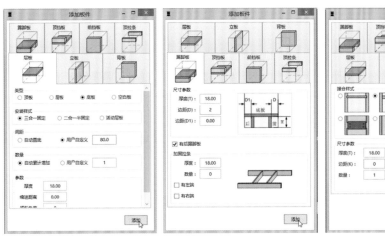

为下层结构添加底板、踢脚板、背板的相关数值

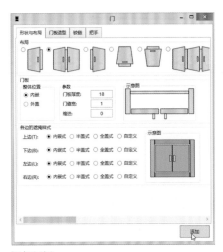

添加门板

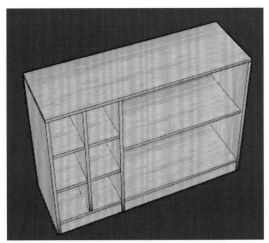

为下层结构添加中立板和层板

（9）在"自定义"面板下，在"层板"选项中为玄关柜上层结构添加顶板；在"立板"选项中为玄关柜上层结构依次添加右侧板、中立板，并锁定右侧空间，将宽度设计为 375 mm。

（10）点击"加层板"，为玄关柜上层结构右侧添加层板，锁定上层空间，将高度固定为 200 mm。

（11）点击"加层板"，为玄关柜上层结构左侧添加两块层板；点击玄关柜上层结构的中立板，在"参数—板件"面板下，将偏移值改为 0 mm，上延值设计为 -218 mm。

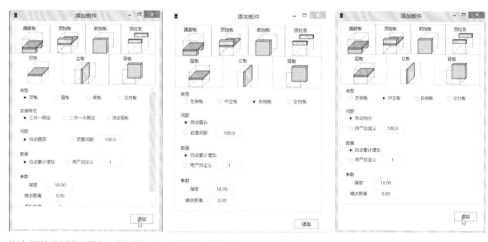

为上层结构添加顶板、右侧板、中立板的相关数值

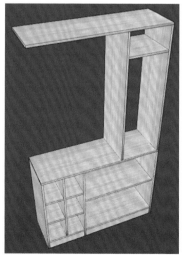

为上层结构添加板件

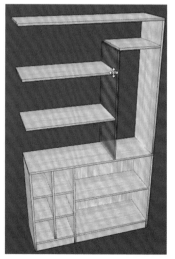

上层结构板件修改完成

（12）点击玄关柜上层结构右侧的第一块层板，在"参数—板件"面板下，将左延值设计为 18mm；点击玄关柜上层结构左侧的第二块层板，在"参数—板件"面板下，将左延值设计为 − 80 mm；点击玄关柜上层结构左侧的第一块层板，在"参数—板件"面板下，将左延值设计为 − 160 mm；点击玄关柜顶板，在"参数—板件"面板下，将左延值设计为 − 240 mm。

（13）点击"加立板"，为玄关柜上层结构左侧部分添加中立板，在"参数 − 空间"面板下，锁定左侧空间，选择第二块层板下方的立板左侧，将"参数—空间"面板中的宽度设计为 150 mm；选择第一块层板下方的立板左侧，将"参数—空间"面板中的宽度设计为 230 mm；选择顶板下方的立板左侧，将"参数—空间"面板中的宽度设计为 310 mm。

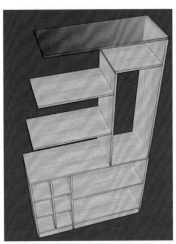 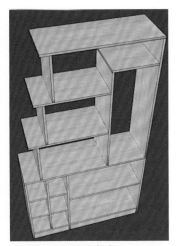

上层结构层板、顶板修改完成　　　上层结构立板修改完成

（14）在"自定义"面板下，在"背板"选项中为玄关柜上层结构左侧部分添加后背板，厚度设计为 18 mm，边距为 191 mm。

（15）点击"加层板"，为玄关柜上层结构右侧部分添加层板，并删除左侧添加的立板；选择玄关柜上层结构的两块层板和顶板，在"参数—板件"面板下点击"编辑形状"选项，选择"圆角矩形"，设置 R1 为 200 mm、R2 为 200 mm。

（16）选择玄关柜上层结构左侧的后背板，点击"编辑形状"选项，选择"导入

DXF 图形—生成轮廓线的 DXF 基础文件"，将其保存至桌面，再选择"导入 DXF 图形—导入 DXF 文件"，选择所需的"上"DXF 文件。对剩余两块后背板重复上述操作，并选择所需的"下"DXF 文件。点击"显示门"显示下层结构的门板。

（17）点击"视图—板件纹理"，为玄关柜上层结构右侧的第二块层板附上玻璃材质，至此，玄关柜制作完成。

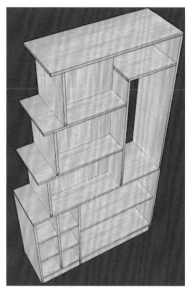
为上层结构添加后背板

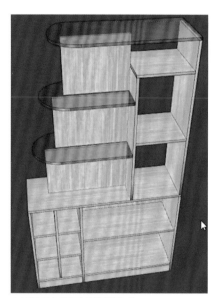
上层结构层板形状编辑完成

保存 DXF 文件至桌面

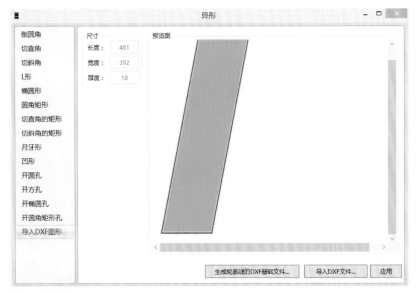

导入 DXF 文件

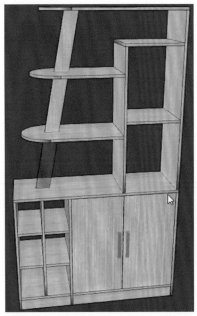

上层结构后背板形状编辑完成

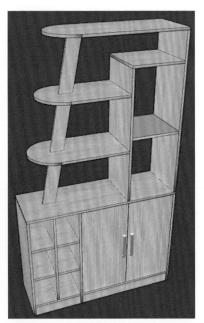

定制玄关柜设计完成

3.2.3 组合柜设计：定制橱柜

1）新建柜体

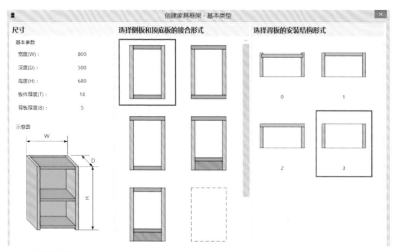

（a）设置数据

根据设计图纸选择合适的柜体类型，确定好侧板与顶底板的接合形式，以及背板的安装结构形式，并设置宽度为800 mm，深度为500 mm，高度为680 mm，板件厚度为18 mm，背板厚度为5 mm。

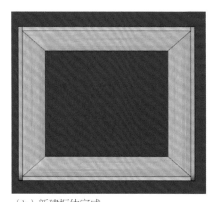

（b）新建柜体完成

步骤1：新建柜体

2）删除顶板

点击"自定义"，为第一个柜体添加顶拉条，并选择合适的布局样式；添加背板，并选择合适的接合方式。

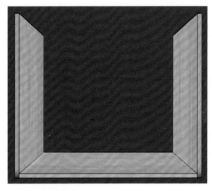
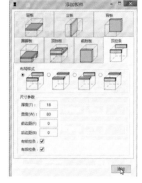
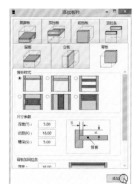

（a）删除顶板　　　　　　　　　　（b）添加顶拉条　　　　　（c）添加背板

步骤 2：删除顶板

3）更改背板数据

选中背板，在参数修改界面将板件上延值改为 80 mm，并应用。

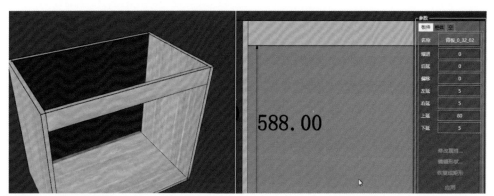

步骤 3：更改背板数据

4）添加"门"

点击"门"，设置门的开合形式为双开门，整体位置改为外盖，上边遮掩样式改为自定义，然后删除上边遮掩板件，将上边遮掩数值改为 60 mm，点击"隐藏门"。

5）更改板件属性

选择柜体中间隔板，点击"修改属性"，将其连接（活动层板）样式由三合一固定改为活动层板，并应用。

 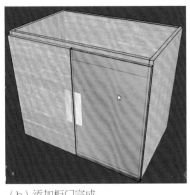 

（a）设置门数据　　　　　　　（b）添加柜门完成

步骤 4：添加"门"　　　　　　　　　　　　　　　　　步骤 5：更改板件属性

6）复制粘贴柜体

选择右侧板，在"布局"面板下，选择"复制柜体""粘贴柜体"，从而获取完全相同的柜体。选择第二个柜体的右侧板，选择"复制柜体""粘贴柜体"，获取第三个柜体，删除第三个柜体的门板与中间隔板。

7）添加抽屉

点击"抽屉"，为第三个柜体选择外盖式普通抽屉，设置上边间隙值为 60 mm，下边间隙值为 16 mm，左边间隙值为 16 mm，右边间隙值为 16 mm，抽屉间距为 1.5 mm，抽屉数量为 2 个，勾选"高度自适应"，并将抽屉侧 / 后板高度设为 180 mm，点击"添加"。

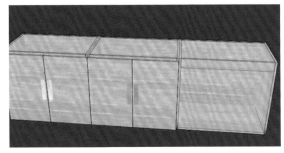 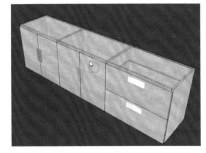

步骤 6：复制、粘贴柜体　　　　　　　　　步骤 7：添加抽屉

8）添加新柜体

选中第三个柜体的右侧板，在"布局"面板下，点击"添加新柜体"，依据设计图纸选择合适的柜体类型，并确定侧板与顶底板的接合形式，以及背板的安装结构形式，将宽度设置为1350 mm。

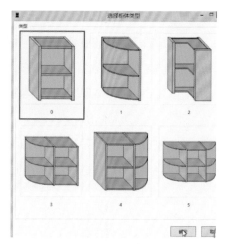

（a）柜体类型设置

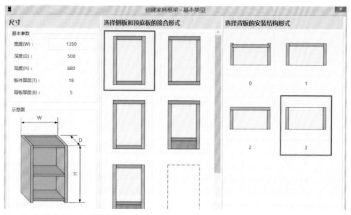

（b）柜体板件形式设置

步骤8：添加新柜体

9）更改第四个柜体数值

删除第四个柜体的顶板，选中其底板，将柜体角度改为-90°，并应用；将柜体Y值改为-500 mm，并应用；再将柜体Y值改为500 mm，并应用。

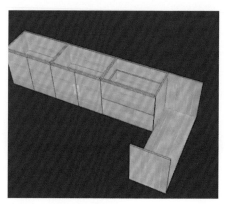

步骤9：更改柜体数值

10）为第四个柜体添加顶拉条与背板

选中第四个柜体的底板，点击"自定义"，添加顶拉条，并选择合适的布局方式；添加背板，并选择合适的背板接合方式；选中右侧板，将上延值改为80mm，并应用。

11）为第四个柜体添加中立板与前挡条

拖动第四个柜体的中立板，锁定左移空间方向，将宽度改为514mm，并应用；选中中立板，将其偏移值改为18mm，并应用；选中中立板，将柜体X值改为2420mm，并应用；添加前挡板，并选择合适的接合样式。

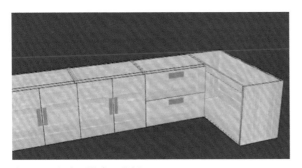

步骤10：添加顶拉条、背板

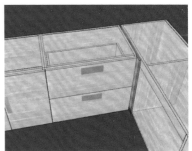

步骤11：添加中立板、前挡条

12）更改数值并添加门

选择紧贴第三个柜体的第四个柜子的侧板，将板件上延值改为-10mm，并应用；点击"门"，选择双开门，设置右边遮掩样式为内嵌式；选择中立板，将偏移值改为0，后延值改为-397mm，并应用；删除靠近外侧的门板，点击"门"，选择双开门，设置右边遮掩样式为全盖式，左边遮掩样式为内嵌式。

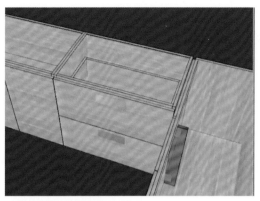
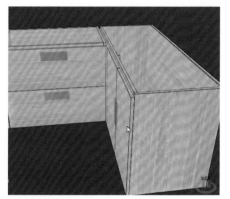

（a）更改中立板数值　　　　　　　　　（b）添加门

步骤 12：更改数值并添加门

13）添加第五个柜体

选择第一个柜体的底板，在"布局"面板下，点击"添加新柜体"，依据设计图纸选择合适的柜体类型，并确定侧板与顶底板的接合形式，以及背板的安装结构形式，将深度设置为 300 mm。

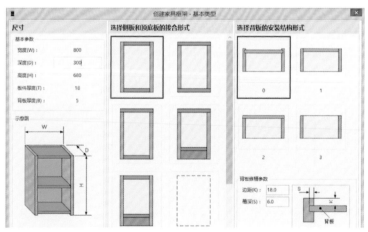

步骤 13：添加第五个柜体

14）柜体对齐

同时选中第一个柜体与第五个柜体的侧板，在"布局"面板下，选择"背部对齐"。

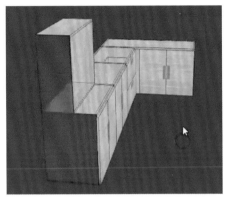

步骤 14：柜体背部对齐

15）更改数值与复制柜体

选择第五个柜体的左侧板，将柜体 Z 值改为 1500 mm，并应用；选择第五个柜体的背板，点击"加层板"，添加层板；选择第五个柜体的右侧板，在"布局"面板下，选择"复制柜体""粘贴柜体"，获得第六个柜体。重复上述操作，获得第七个柜体。

16）为第七个柜体添加门

选中第七个柜体的背板，点击"门"，为第七个柜体选择上开门，设置门板位置为外盖。将上层门板的下边遮掩样式改为半盖式，其他不变；下层门板的上边遮掩样式改为半盖式，下边遮掩样式改为全盖式，其他不变。

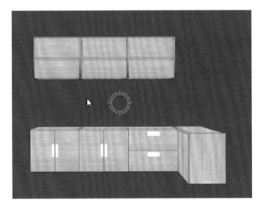

步骤 15：柜体复制

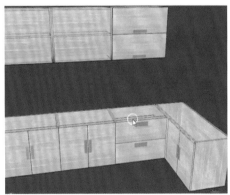

步骤 16：为第七个柜体添加门

17）为第五个柜体添加门

选中第五个柜体的背板，点击"门"，为第五个柜体选择上开门，将下层门板的上边遮掩样式改为半盖式；将上层门板的上边遮掩样式改为全盖式，下边遮掩样式改为半盖式，门板整体位置为内嵌。

18）定制橱柜设计完成

删除第六个柜体的隔板，点击"门"，为其添加双开门，设置门板整体位置为外盖，上、下、左、右边遮掩样式均为全盖式；点击"隐藏门"，为第六个柜体添加层板，再点击"显示门"。至此，定制橱柜设计完成。

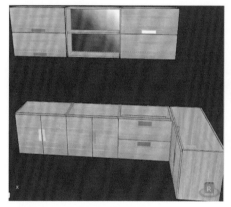 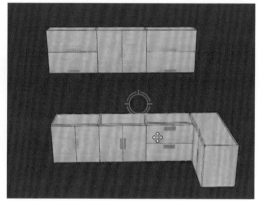

步骤 17：为第五个柜体添加门　　　　步骤 18：定制橱柜设计完成

3.3 全屋定制设计拆单

拆单是全屋定制生产必经的一道流程，拆单数据的准确性关乎全屋定制产品生产的完整性和稳定性。

3.3.1 开料单编制

开料单是全屋定制产品进行拆单操作的重要参考资料，在裁板之前一定要确定开料单上各项数据的正确性。

1）影响开料单编制的因素

（1）定制产品的尺寸。结构尺寸不同对最后得出的数据有着一定的影响，裁板尺寸须以设计尺寸为参考依据。

（2）开孔个数。这决定了定制产品最终所需的螺钉数量。

（3）市场价格。应当定期更新材料单价，紧跟市场步伐。

2）开料单编制步骤

开料单主要编制步骤如下：

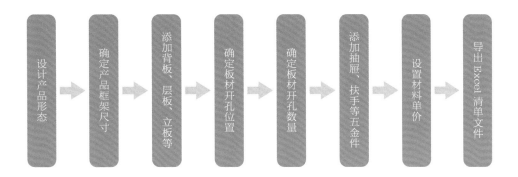

3.3.2 导出物料清单

物料清单是制定全屋定制产品预算的重要材料。下面以云熙软件为例，讲解如何制作全屋定制产品的物料清单，这些物料清单也是拆单的重要参考资料。

1）设定

按照"Template – BOMTemplate.xlsx"目录的物料模板中的形式设置板材的厚度、单价以及五金件的单价，也可在此模板中修改单价，这些数值是物料清单的重要数据。

2）导出

（1）全屋定制产品制作完成后即可更新孔槽，这样既可检查软件的孔位，又可在物料清单中对应产生五金件的相关数值。

（2）点击"选项"，软件会出现清单表，选择"导出 Excel 清单文件"，导出物料清单，保存至桌面。

（3）软件显示"成功导出物料清单！"，点击"确定"，将直接进入 Excel 软件操作界面。

板材清单

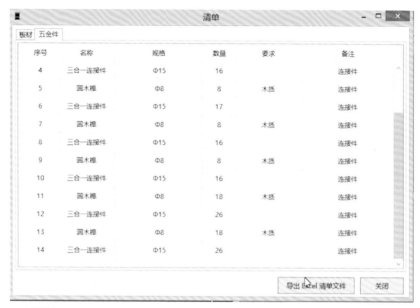

五金件清单

导出物料清单

序号	工件名称	成型尺寸(mm)				m²	封边长度(米)		单价	金额
		长度	深度	厚度	数量		厚封边	薄封边		
1	演示-柜体0101	800	550	760	7					
1	左侧板	760	550	18	1	0.42	0.76	1.86	110	45.98
2	底板	763	550	18	1	0.42	0.763	1.863	110	46.16
3	三合一固定层板	763	527	18	1	0.40	0.763	1.817	110	44.23
4	背板	773	747	5	1	0.58	0	0	78	45.04
5	竖拉条	763	80	18	2	0.12	0	1.686	110	13.43
6	右侧板	760	550	18	1	0.42	0.76	1.86	110	45.98
2	演示-柜体0102	800	550	760	7					
7	左侧板	760	550	18	1	0.42	0.76	1.86	110	45.98
8	底板	763	550	18	1	0.42	0.763	1.863	110	46.16
9	三合一固定层板	763	527	18	1	0.40	0.763	1.817	110	44.23
10	背板	773	747	5	1	0.58	0	0	78	45.04
11	竖拉条	763	80	18	2	0.12	0	1.686	110	13.43
12	右侧板	760	550	18	1	0.42	0.76	1.86	110	

结算单（局部）

序号	板件名称	成型尺寸(mm)				平方米(m²)	单价	金额
		长度	深度	厚度	数量			
1	左侧板	760	550	18	6	2.51	110	275.88
2	底板	763	550	18	6	2.52	110	276.97
3	三合一固定层板	763	527	18	4	1.61	110	176.92
4	竖拉条	763	80	18	12	0.73	110	80.57
5	右侧板	760	550	18	5	2.09	110	229.90
6	底板	764	782	18	1	0.60	110	65.72
7	顶板	764	782	18	1	0.60	110	65.72
8	前板	550	760	18	1	0.42	110	45.98
9	右侧板	760	782	18	1	0.59	110	65.38
10	左侧板	500	550	18	1	0.28	110	30.25
11	右侧板	500	550	18	1	0.28	110	30.25
12	三合一固定层板	272	527	18	4	0.57	110	63.07
13	中立板	662	527	18	2	0.70	110	76.75
14	三合一固定层板	473	527	18	1	0.50	110	54.84
15	背板	773	747	5	5	2.89	78	225.20
16	背板	773	487	5	1	0.38	78	29.36
							总额：	1,792.76

结算单　五金清单　板件清单　结算单系数　五金清单系数　报价单　… +

报价单（局部）

第4章

不同功能的材料与配件

不同色彩与纹理的板材

重点概念：主体材料、门板材料、饰面材料、装饰线条、常用五金配件。

章节导读：不同功能的材料和配件共同组成了具备美观性和整体性的定制产品，全屋定制需要依据设计图纸对材料进行各种加工，使其具备不同的功能特征，而配件是全屋定制安装必需的构件，品质优良的材料和配件综合搭配，才能制造出更具稳定性、功能性、实用性和科学性的全屋定制产品。

4.1　结实牢靠的主体板材

全屋定制产品所选用的主体板材类别较多，如实木板、刨花板等，其规格多为 2440 mm（长）×1220 mm（宽），板材的具体厚度可依据设计需要选择，通常厚度范围为 1～75 mm。

4.1.1　使用价值较高的实木板材

实木板是选用完整度较高的原木制作而成的，这种板材拥有纹路比较自然的表面，质地坚固耐用，适用于制作高档定制家具。实木板材的造价比较高，其施工工艺要求也比较高，且板材有着不同的厚度，实际使用时需要依据不同的用途选用不同的厚度，这样制作而成的产品才会更具实用性。

- 名称：实木板
- 规格：厚度有 12 mm、15 mm、18 mm、22 mm 等几种
- 特性：纹理自然，表面色泽给人舒适感，使用寿命较长
- 原材料：基材为红木、玫瑰木、柚木、水曲柳、枫木、榉木、樟木、松木、杉木、杨木、桦木、榆木等原木

实木板
实木板材拥有自然清香的味道，表面纹理清晰，且具有较好的承重性和环保性。通常多将实木板材放置在干燥的空间内进行干燥处理，以避免材料出现变形。

实木板加工
对实木板材进行加工前要检测板材的含水率，选择适合当地气候的板材。加工前还要进行精确放线定位，根据需要可预先涂刷封闭底漆，以防在加工过程中污染板面。

4.1.2　可贴面的刨花板材

刨花板又称为微粒板、颗粒板、蔗渣板、碎料板，内部结构交叉错落，板材表面十分平整，可进行各种贴面处理，根据需要可加工成幅面较大的板材。

刨花板的隔声性、吸声性、绝热性、美观性等较好，但这种板材的边缘比较粗糙，且不易裁切，加工过程中如果封边处理不到位，则很有可能出现受潮、崩裂等现象。

● 名称：刨花板
● 规格：厚度为 2 ~ 75 mm，常用厚度有 13 mm、16 mm、18 mm 等几种
● 特性：颗粒排列不均匀，用胶量小，比较环保，但裁板时容易暴齿
● 原材料：基材为木材或木质纤维材料，占比 90% 以上，其余为胶黏剂、添加剂

已贴面的刨花板
刨花板是选用木材或其他纤维材料的边角料，经过切碎、筛选再拌入胶料、防水剂等材料，在热压作用下胶合而成的人造板材。

4.1.3　防潮耐腐的中密度纤维板材

中密度纤维板简称中纤板，多选用三聚氰胺纸或木皮作为饰面，无毒、无味、无辐射，不会轻易老化，具有良好的透气性，且能较好地隔热、保温，黏结性也十分不错，板材加工完成后不会轻易出现脱水现象。

中密度纤维板的板层结构比较均匀，抗压性能、耐磨性能等都十分不错，在外力的作用下不会轻易出现变形和崩边现象，不仅板材表面十分平整，板材边缘也十分细腻，不会扎手，且板面能贴以多种色彩、图案的饰面，视觉美观性较好。

- ●名称：中纤板
- ●规格：厚度有 3 mm、5 mm、9 mm、12 mm、15 mm、18 mm、25 mm 等多种
- ●特性：能有效避免虫蛀、腐蚀等问题，胀缩性弱，装饰效果较好
- ●原材料：基材为小径级原木，采伐、加工剩余木料，非木质植物纤维原料等

中纤板

中纤板是以植物纤维为主要原料，经过热磨、施胶、铺装、热压成型等工序制作而成的人造板材。

4.1.4　生态环保的禾香板材

禾香板是一种新型人造板材，这种板材拥有光滑、平整的板面，质地坚实，板层结构均匀，表面经特殊处理后，能有效阻燃，尺寸稳定性和耐候性也较好。

由于禾香板具有多孔结构，因而其吸声性能十分不错，且强度较高，承重能力和抗变形能力俱佳，可代替木质人造板和天然木材，广泛用于门套、浮雕门、家具等的制作。

- ●名称：禾香板
- ●规格：常用厚度为 18 mm
- ●特性：表面装饰性能较好，可直接进行油漆或烤漆处理，防潮性较好
- ●原材料：基材为稻麦等农作物的秸秆碎料（占比较大），其余为异氰酸酯树脂、功能性添加剂（占比较小）

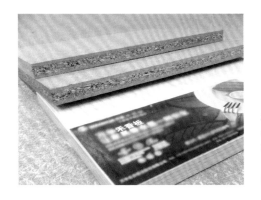

禾香板

禾香板主要通过高温、高压制作而成，该板材表面
有较厚的天然蜡质层，具有较强的防潮、防水功能。
由于原材料中的异氰酸酯树脂的甲醛释放量为零，
因而环保性能较好。

禾香板已通过国家人造板材质量检测认证和中国环境标志产品认证，这种板材既可做异型边加工，又可做规则形态的加工，板材表面还可粘贴不同图样的装饰纸、木皮或高分子面板，或者涂刷油漆或压贴塑料膜等。这些操作都能有效增强禾香板的装饰效果和防火效果。

小贴士

甲醛与异氰酸酯树脂

1. 甲醛是一种无色、具有刺激性气味且易溶于水的气体，不仅毒性高，易致癌，且易游离，释放周期长达 8 ～ 15 年，对人体尤其是老人、小孩、孕妇等免疫力低下的人群危害很大。

2. 异氰酸酯树脂英文缩写为 MDI，该材料具有优异的安全性和稳定性，甚至可用于人造血管、心脏瓣膜等对安全性要求极高的领域。

4.1.5 坚固耐用的多层实木板材

多层实木板是胶合板的一种。从板材的剖切面可以看出，多层实木板是由多层板材胶合而成的，这种板材拥有较好的结构稳定性，且内部结构呈纵横胶合状态。因此，当板材出现变形时，可从内应力方面解决问题。

多层实木板受力均匀，吸湿性、透气性、耐用性、环保性等都十分不错，握钉力和承重能力也同样不错，在外力的作用下，不会轻易出现开裂、变形等现象。

- 名称：多层实木板
- 规格：常用厚度有 3 mm、5 mm、9 mm、12 mm、15 mm、18 mm 等几种
- 特性：强度大，变形小，环保系数较高，且能有效抗菌、防霉
- 原材料：基材为三层或多层的单板或薄板

多层实木板
多层实木板是由木段旋切成单板或由木方刨切成薄
木，然后利用胶贴热压工艺黏合在一起的多层板状
材料，这种板材的层数多为奇数。

多层实木板的厚度不同，应用的场所也会有所不同。其中厚度为 3 mm 的板材适用于制作有弧度的吊顶，厚度为 9 mm、12 mm 的板材适用于制作柜子背板、隔断、踢脚板等，厚度为 15 mm、18 mm 的板材则适用于制作家具加工操作台。

4.1.6　握钉力较好的细木工板

细木工板，别名大芯板、木芯板。这种板材质地较轻，加工成本较低，耗胶量也较少，且尺寸稳定性高，不会轻易变形，能很好地克服木材的各向异性，横向强度也较高。

细木工板很适合制作高档的定制家具，其主要作用是为板材增加一定的厚度和强度，从而使板材具有足够的横向强度。通常厚度为 15 mm 的细木工板适用于制作抽屉、柜内隔断等，厚度为 18 mm 的细木工板则适用于制作家具主体与门板结构等。

- 名称：细木工板
- 规格：厚度有 15 mm、18 mm 两种规格
- 特性：强度大，质地坚实，含水率不高，环保系数一般，拼接稳定性没有保障
- 原材料：基材为木板条或空心板

细木工板

细木工板是具有块状实木板芯的胶合板，是在两片单板中间胶压拼接木板而成的人造板材，这种制作方法能有效避免板材出现翘曲变形。

（a）柜内隔断

（b）炕桌

细木工板的应用

1）特性

（1）细木工板的含水率为8%～12%，常规芯板条的宽度不应超过厚度的3倍，质量要求高的细木工板的芯板条宽度则不应超过20 mm。

（2）细木工板规格统一，加工性能较好，板材表面可粘贴其他材料，稳定性和强度俱佳，不仅具备较好的吸声功能，而且隔热功能很不错。

（3）细木工板应按照板材类别、规格、所选树种等的不同，分别进行包装，通常面板朝内包装，边角处则选用草类织品或其他软质包装物来遮垫。

（4）优质的细木工板表面平整，板材不会出现任何翘曲、变形或起泡、凹陷等情况，且芯板条排列十分整齐，板条之间的缝隙也比较小。

（5）细木工板的运输、存储应在比较干燥的环境中进行。运输时务必保证运输工具的整洁与干燥，要避免细木工板受到雨淋；存储时，则应将细木工板置于干燥、通风且顶部有遮盖的空间中，应整齐堆放，底部还应水平放置垫脚，这样也能有效地避免细木工板受潮。

2）分类

具体分类情况见下表。

细木工板的分类

分类依据	类别
用途	普通用细木工板、建筑用细木工板
使用环境	室内用细木工板、室外用细木工板
表面加工情况	无砂光细木工板、单面砂光细木工板、双面砂光细木工板等
板材层数	三层细木工板、五层细木工板、多层细木工板等
板芯结构	实心细木工板（实体板芯）、空心细木工板（方格板芯）
板芯拼接情况	胶拼细木工板、不胶拼细木工板

4.2 特性不同的门板材料

全屋定制产品的门板材料主要有实木、烤漆板、模压板、吸塑板等几大类型，不同类型的门板拥有各自的优势。

4.2.1 质地天然的实木板

实木板取材于天然，适用于制作橱柜、衣柜等柜体的门板。加工后的门板质量较重，且门板表面不会有拼接缝，美观性、吸声性、隔声性、环保性等性能较好。

实木板整体做工比较复杂，加工成本较高，风格多为古典类型，以樱桃木色、胡桃木色、橡木色为主。门板表面纹理、色泽都比较自然，可自由雕刻，艺术感和立体感比较强，不仅能给人一种返璞归真的视觉感，而且能打造出多样的款式。

- 名称：实木板
- 特性：不会轻易变形，表面不会有裂纹，隔热、保温性能较好
- 原材料：基材为天然原木或实木指接板材

实木门板
实木门板的门芯为中密度板贴实木皮，制作时会在实木表面做凹凸造型，外表面还会喷漆，用以保持原木的本色，应按照以下工序加工实木门板：烘干→下料→刨光→开榫→打眼→高速铣形→组装→打磨→涂刷油漆→晾干→养护等。

4.2.2 应用广泛的烤漆板

烤漆板是在对基层板材进行喷漆后，再经过烘干房的加温干燥工艺制作而成的油漆板材，多用于制作衣柜、橱柜等家具的门板，是全屋定制产品应用较多的门板材料。烤漆板作为橱柜门板，具有较强的抗污能力，表面有污渍后也很容易清理。

烤漆板依据表面镀膜的不同可分为亮光烤漆板、亚光烤漆板、金属烤漆板等几种。由于生产周期比较长，制作工艺复杂，因而加工成本比较高，且烤漆板制作的门板多色泽鲜艳，观赏性和视觉冲击力都比较强。

- ●名称：烤漆板
- ●规格：多以"块"为单位，厚度多为10 ~ 20 mm,常见规格为120 mm ~ 550 mm（宽度）×300 mm（长度）×15 mm（厚度）、1220 mm（宽度）×2440 mm（长度）×18 mm（厚度）等
- ●特性：板面光洁度较好，防水、防潮、防火等性能较好
- ●原材料：基材为中纤板

烤漆门板
烤漆板以中纤板为基材，加工时表面需经过4 ~ 6次打磨，然后进行上底漆、烘干、抛光等步骤，再经高温烤制而成，通常是三遍底漆、两遍面漆、一遍抛光，这样也能保证其釉面的光洁度。

小·贴士

水晶板

水晶板属于贴面材料，是选用PVC材料制作而成的无毒透明软板，这种板材表面光滑，外观亮丽，整体色泽均匀，多置于家具表面，主要起保护和装饰的作用，广泛用于办公桌、餐桌、写字台、梳妆柜、茶几等台面。这种板材表面清洗方便，无气泡和裂缝，即使受热也不会轻易变形，不仅能有效抵抗高温、耐寒、耐酸碱、耐重压、抗静电、抗冲击等性能也都十分不错。

4.2.3 质量稳定的模压板

模压板采用机械在中纤板表面压上花型，经过加工后无须封边操作，多用于制作橱柜门板和卫浴柜的面板。这种板材具有较强的个性化特征，防潮、抗变形、抗氧化等性能较好，且价格比较实惠，适合大部分中档全屋定制家具使用。

- ●名称：模压板
- ●特性：造型多变，环保性能较好，表面色彩、纹理等比较丰富
- ●原材料：基材为中纤板

模压门板
模压板具有较好的抗静电性能，稳定性较好，板材不会轻易发生龟裂。但这种板材制作的门板属于空心构造，一旦磕碰严重或浸水时间过长，使用寿命将会大大缩短，实用性也将有所降低。

模压门板的分类

类别	图例	概念
实木贴皮模压门板		实木贴皮模压门板是指表面贴饰天然木皮（如水曲柳、黑胡桃、花梨和沙比利等珍贵名木）的模压门板
三聚氰胺模压门板		三聚氰胺模压门板是指表面贴饰三聚氰胺纸的模压门板，这种木板造价相对比较便宜
塑钢模压门板		塑钢模压门板是采用钢板为基材，经花型装饰后制成的 PVC 钢木门板，这种木板适合做室外门

4.2.4　耐冲击的吸塑板

吸塑板属于新型的绿色环保材料，这种板材表面平整度好，且容易做造型。可用雕刻机在其表面镂铣图案，加工完成后能拥有较强的视觉美感和立体感。这种板材制作的门板板面色彩纯度比较高，可供选择的色彩也比较多，适用于室内装修、定制家具制作、冰箱衬里、移动板房门等。

吸塑板表面多呈无色或微黄色，且无臭、无毒，抗拉强度、抗压强度、抗弯强度等都比较高，稳定性较好，不会轻易出现变形、开裂等现象。这种板材的吸水率、收缩率都比较小，耐油、耐酸等性能较好，但耐磨性比较差，不可将其长期浸入水中，以免引起板材内部结构的变化，从而导致板材开裂。

- ●名称：吸塑板
- ●规格：厚度为 0.5 ~ 3 mm
- ●特性：力学性能、耐热性、耐低温性等较好，板面光泽度较高，可与多种轻复古风格相搭配
- ●原材料：基材为中纤板，吸塑材料有 ABS、PVC、PET 等几种

吸塑门板

吸塑板的基材为中纤板，是表面经真空吸塑或采用一次性无缝 PVC 膜压成型工艺制作而成的热塑性工程塑料板材。吸塑门板主要可分为亚光模压门板和高光模压门板两大类，其中高光模压门板可代替烤漆门板，且这种门板可加工成各种形状，实用性较强。

4.3 美观实用的饰面材料

全屋定制产品中应用的饰面材料便是饰面板，这种板材可应用于家具表面，主要是将天然木材刨切成具有一定厚度的薄片，然后将这些薄片黏附在胶合板的表面，经过热压后制作而成。常见的饰面材料有三聚氰胺饰面板、实木皮饰面板、波音软片饰面、防火饰面板等。

4.3.1 耐高温的三聚氰胺饰面板

三聚氰胺饰面板不含甲醛，环保性能较好，且表面花色丰富，综合性能比较强，适用于全屋定制产品的面板、柜面、柜层面等的装饰，这种板材要求基材表面具有较高的平整度。

三聚氰胺饰面板的分类较多，依据基材种类的不同可分为三聚氰胺刨花板、三聚氰胺防潮板、三聚氰胺中纤板、三聚氰胺细木工板、三聚氰胺多层夹板等几种，其中三聚氰胺细木工板、三聚氰胺多层夹板又被称为生态板。依据板材饰面效果的不同，又有麻面、绒面、仿真纹、皮纹、瓦纹、横纹、亚光、浮雕等之分。

- 名称：三聚氰胺饰面板
- 规格：厚度有 2.5 mm、3 mm、5 mm、7 mm、9 mm、12 mm、15 mm、16 mm、18 mm、25 mm 等多种
- 特性：耐磨、耐腐、耐热、耐刮，能有效防潮
- 原材料：基材为中纤板、刨花板、防潮板、多层实木夹板等板材

三聚氰胺饰面板
先将 PVC 贴皮表面印上花纹，然后放入三聚氰胺胶中浸渍，从而制作成三聚氰胺饰面纸，再经高温热压后黏附在板材基材上，进而形成各具花色的三聚氰胺饰面板。

4.3.2　纹理真实的实木皮饰面板

实木皮饰面板目前应用较广，这种饰面材料所选用的木皮有薄皮和厚皮之分，前者容易透底，饰面效果较差；后者则具有较强的质感，饰面效果较好。

通常可依据实木皮的材质种类和厚度变化来分辨实木皮饰面板档次的高低。为了保证饰面效果，实木皮饰面板表面均需进行油漆处理，而不同的油漆工艺制作出来的贴皮效果会有所不同。

● 名称：实木皮饰面板
● 规格：厚度多为1mm，但实木皮饰面板基材品种不同，厚度也会有所变化
● 特性：手感真实、自然，质地细腻，装饰效果较好
● 原材料：基材为中纤板、刨花板、多层实木板等

实木皮饰面板
将实木皮用高温热压机贴于中纤板、刨花板或多层实木板表面，即制作成实木皮饰面板。

实木皮饰面板实际上是一块薄薄的层板，这种饰面材料具有比较自然的纹理，表面色泽也比较接近木材的原木色，不仅在触觉上能给人一种比较真实、细腻的感觉，而且在视觉上能给人一种高档、大气感。

实木皮饰面板在外观上能给人一种实木家具的自然亲近感，且不容易变形。这种饰面材料还能依据设计需求的不同，选择不同颜色、花纹的饰面，从而丰富全屋定制产品的视觉效果，但也正基于此，其制造成本会相对较高。

4.3.3 低损耗的波音软片饰面

波音软片饰面是一种新型的环保性能较高的饰面材料。这种饰面质地比较薄，多采用 PVC 材料制作，具体施工时应先清除基层表面的灰尘，然后于基层表面附上适量的白乳胶，再将波音软片饰面紧贴于基层表面，并要做好后期的养护工作。

波音软片饰面采用耐磨性油墨印刷，表面附着一层保护膜，不会轻易褪色，也不会轻易被刮花，且容易铣形与造型，适用于中密度纤维板表面的饰面。这种饰面材料还具有较强的仿木质感，在施工过程中，即使对其进行刨、修边、锯等操作，也不会产生太大的损害。

● 名称：波音软片饰面
● 规格：厚度在 0.08 ～ 0.60 mm
● 特性：耐热、耐磨、耐酸碱，防油、防火，易于清洁，价格实惠，自带背胶

波音软片饰面
通过白乳胶粘贴，能对细木工板表面进行装饰，让朴素的木纹变得丰富多彩，适用于中低端全屋定制家具外部饰面。

4.3.4 耐火阻燃的防火饰面板

防火饰面板主要是采用强力万能胶将板材粘贴到基层细木工板、实木板、多层板等传统木质人造板材的表面，从而使板材具备较好的防火性能。这种饰面材料适用于橱柜等家具的表面装饰。

防火饰面板有单、双层之分，应根据实际需要选择饰面的层数。优质防火饰面板材表面耐磨性比较好，且无任何色差，无可见像素点，能自由卷曲 2.5 圈，且展开后仍能保持平整。

- ●名称：防火饰面板
- ●规格：厚度在 0.8 ~ 3 mm，厚度为 1.2 mm 或 1.5 mm 的防火饰面板适用于普通家具的表面
- ●特性：表面平整、光滑，图案清晰、效果逼真、立体感强
- ●原材料：基材为细木工板、实木板、多层板等人造板材

防火饰面板

4.4 功能性较强的装饰线条

装饰线条在全屋定制产品的生产与安装过程中同样扮演着很关键的角色，不仅起到收口的作用，而且起到装饰美观的作用，同时能使全屋定制产品与室内环境较好地融合在一起。依据材质的不同，装饰线条可以分为木线条、塑料线条、石材线条、不锈钢线条、铝合金线条五大类。

4.4.1 风格独特的木线条

木线条是选用质地坚硬、加工性能较好、黏结性较好的木材为原始基材，然后经过干燥处理，用机械或手工加工制作而成的具有良好握钉力的装饰线条。

木线条的棱角、棱边、弧面、弧线等都十分挺直，轮廓也很分明，可通过油漆处理形成不同的色彩，实际施工时还可依据设计需要将其加工成各种弧线。

- 名称：木线条
- 特性：耐腐蚀，上色性好，表面光滑
- 原材料：基材为杂木、泡桐木、水曲柳木、樟木、柚木等木材

木线条
木线条需要同时使用气排钉与白乳胶固定，表面需要涂饰聚酯清漆，必要时还需经过烘烤加工，工艺复杂，成本较高。

木线条用途较广，既可用于家具制作和室内装修，又可用于各类家具的收边装饰，还可用作天花线、天花角线、墙面线、门线等。安装时应选用胶黏剂固定，通常有直拼法、角拼法两种拼接方法。选用钉接固定木线条时，注意不可露出钉头。

4.4.2　色泽鲜艳的塑料线条

塑料线条用硬聚氯乙烯塑料制成,这种材料质地较轻,表面触感光滑,色泽纯正,隔热、保温、防潮、阻燃等性能都较好,且能有效耐磨、耐腐蚀,绝缘性也比较不错。

塑料线条依据用途的不同主要有压角线、压边线、封边线等几种,在不同风格的全屋定制产品中,塑料线条的表现方式也会有所变化。

- ●名称:塑料线条
- ●特性:稳定性较好,能很好地抗老化,且容易熔接,抗弯强度和冲击韧性均较高
- ●原材料:基材为硬聚氯乙烯塑料

塑料线条
塑料线条容易变形,需要采用强力万能胶固定至板材平整面上,接缝处要精心修饰,花色纹理特异的塑料线条价格不菲。

4.4.3　花色丰富的石材线条

石材线条表面十分光洁,且形状美观多样,既可与石板材料配合,用于高档装饰的墙柱面、石门套、石造型等,又可用于门套、镜框、墙面脚线、腰顶线、背景墙框、吊顶边框等部位或装饰家具局部。

- ●名称:石材线条
- ●特性:曲线优美,质感厚实
- ●原材料:基材为大理石

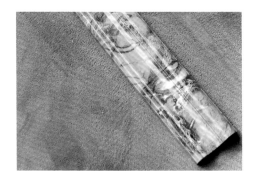

石材线条

石材线条主要用于大型定制构件上,如入墙家具、背景墙等边框装饰,采用聚氨酯结构胶粘贴,需要在施工现场切割安装。

石材线条依据表面造型效果的不同,分为弧面型、复合型和台阶型等;依据成品形状的不同,分为直位石材线条、弯位石材线条和三维石材线条等。在实际使用时可依据需要定制不同形状的石材线条。

4.4.4 光洁如镜的不锈钢线条

不锈钢线条综合性能比较强,不仅能够很好地装饰全屋定制产品,使其具备较强的现代感,而且具有很好的耐腐蚀、耐水、耐擦拭、耐气候变化等性能。既可用于各种装饰面的压边线、收口线、柱角压线等处,又可用于现代风格家具的收边装饰。

- ●名称:不锈钢线条
- ●特性:外观光滑,硬度高,不易出现破损
- ●原材料:基材为不锈钢型材

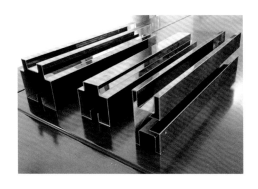

不锈钢线条

不锈钢线条比较厚重,主要用于大型定制构件的边框收口处,采用聚氨酯结构胶粘贴,需要在施工现场切割安装。

4.4.5　刚度较大的铝合金线条

铝合金线条是将纯铝加入锰、镁等合金元素后挤压而成的条状型材，通常可用于家具的收边装饰，如厨房踢脚板、浴室防水条等细节设计。这种装饰线条质地轻，强度高，在表面涂拭透明的电泳漆后，美观性、耐磨性、实用性、耐腐蚀性等性能都能得到有效提升。

- ●名称：铝合金线条
- ●特性：表面金属光泽醒目，耐光性和耐候性等性能较好
- ●原材料：基材为铝合金型材

铝合金线条
铝合金线条规格多样，适用性很强，主要用于混搭、轻奢风格的全屋定制家具细节装饰或收口，采用聚氨酯结构胶粘贴。

4.5 不可缺少的五金配件

五金配件包含的构件种类较多，如锁具、拉手等。五金配件存在的意义是为了增强全屋定制产品的耐用性和稳定性。

4.5.1 封闭空间的锁具

锁具主要由锁体、锁芯、钥匙和其他固定配件组成，依据锁舌形状的不同，分为方舌锁和斜舌锁。可根据生活需要确定是否安装锁具，在同一柜体结构中可选用多种不同的锁具，如果抽屉较多，则可选择中心式连锁系统，这种锁具能够更有效地防盗。

比较常见的锁具是柜门锁和抽屉锁。柜门锁可用于单、双门，在安装柜门锁前应确定锁体的具体安装位置，并预先在门板面板上钻圆孔，然后对准孔径，选用合适的螺钉固定柜门锁。

抽屉锁结构简单，依据功能的不同可分为正面抽屉锁、侧面抽屉锁、方舌抽屉锁、斜舌抽屉锁等几种。

抽屉锁

正面抽屉锁安装抽屉在前方，一个锁头可控制两个以上的抽屉；侧面抽屉锁安装在抽屉侧面，一个锁头可控制两个以上的抽屉；方舌抽屉锁安装在抽屉的中央，一个锁头只能控制一个抽屉；使用斜舌抽屉锁时应处于关锁状态下，取下钥匙后将抽屉推入，即可锁住抽屉。

柜门锁

安装柜门锁前需要在柜门上钻孔，孔洞形态、规格根据锁具形态、尺寸确定。不宜选择形体过大的柜门锁，否则会给板材加工与整体设计风格带来影响。若孔洞规格过大，会造成孔洞边缘板料单薄，容易断裂。

4.5.2 风格多变的五金拉手

拉手主要用于辅助开合柜门。在拉手中可以嵌入新近流行元素，并选用全新工艺制作，从而有效增强装饰作用。常见的拉手款式有欧式风格拉手、田园风格拉手、现代简约风格拉手、陶瓷系列拉手、卡通系列拉手等多种，用户可依据全屋定制产品的整体风格来确定拉手的风格。

欧式风格拉手
欧式风格拉手具有精美的外观，与欧式风格的全屋定制产品搭配协调，从而增添室内空间的豪华感。

陶瓷拉手
陶瓷拉手具有光滑细腻的触感，可以与不同风格的全屋定制产品相搭配，是一款百搭的拉手。

卡通拉手
卡通拉手具有艳丽的色彩，且造型可爱，童趣感比较强，常运用在儿童房中。

小贴士

拉手的选择

①查看拉手面层的色泽和保护膜有无破损和划痕。优质拉手表面应该具有光泽，且表面亮丽，无半点瑕疵。

②注意螺栓孔四周面积，面积越小，要求打在板上的拉手孔位置越准确。

③选择优质拉手品牌。如果选择的是进口品牌拉手，则要查看产品的进口证明文件，以免商家弄虚作假。

4.5.3 连接板材的三合一连接件

三合一连接件是柜体板件的主要连接件，主要用于板与板之间垂直方向的连接。这种五金配件适用于连接厚度在 15 ~ 25 mm 的木质天然板材与木质人造板，部分结构比较特殊的连接件还可以实现两板的水平连接和三板的交互连接。

在使用三合一连接件时需注意，如果施工时不添加黏合剂，为了保证板材之间连接的稳定性，后板钉接一定要牢固，且位置不可有偏差，应当将预埋件完全置入板内，从外表面看不到三合一连接件，这样组装而成的全屋定制产品表面才不会轻易出现缝隙。

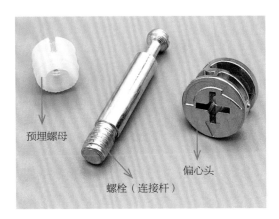

预埋螺母

螺栓（连接杆）

偏心头

三合一连接件
三合一连接件由三个连接部件组成，即预埋螺母、螺栓、偏心头。螺母的材质多为锌合金、塑料、尼龙等；螺栓又称为连接杆，材质有铁、锌合金、铁＋塑料三种；偏心头的材质有锌合金、铝合金等几种。这几种材质各有所长，消费者可依据需要自行选择。

4.5.4　经济实用的挂架

挂架属于装修饰品，比较常见的有衣柜挂架、牙刷挂架、多功能挂架等。挂架能够帮助居住者更好地利用室内空间，且这种五金配件价格便宜，使用价值也比较高。通常选择经过镀铜、镀镍、镀铬三道镀层工艺的五金挂架，这种五金挂架的镀层更均匀，表面光泽也更亮丽。

移动挂架
移动挂架实用性比较强，不用时便可随意推进去，既能很好地收纳衣物，又不会占据过多的空间。

多功能挂架
多功能挂架可悬挂皮带、丝巾等，且不会占据过多的空间，拿取物品也比较方便。

4.5.5　影响柜体寿命的铰链

铰链主要起到连接柜体和门板的作用，这种五金配件既可由可移动组件构成，也可由可折叠材料构成。铰链的质量好坏关系着柜体能否正常使用。

铰链的分类

类别	图例	注释
液压铰链		又称阻尼铰链，是一种利用高密度油体在密闭容器中定向流动，从而达到缓冲效果的消声缓冲铰链
弹簧铰链		主要材质有镀锌铁、锌合金等，这种铰链适用于板材厚度在 18～20 mm 的衣柜门或橱柜门
异型铰链		又名转角铰链，这种铰链的开门角度较大，使用范围比较广泛
玻璃门铰链		这种铰链主要用于连接柜板与玻璃门
大门铰链		这种铰链可分为普通型和轴承型，其中轴承型有铜和不锈钢两种材质

通常铰链的开合类型主要分为：全盖，又名直臂、直弯；半盖，又名曲臂、中弯；内盖，又名大曲、大弯。

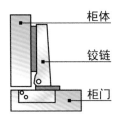

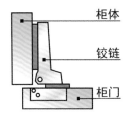

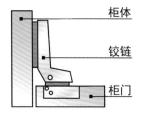

全盖铰链

全盖铰链主要用于柜体靠边的柜门安装。柜门安装后能完全遮挡柜体垂直板材。

半盖铰链

半盖铰链主要用于柜体中央的柜门安装。柜门安装后能遮挡一半柜体垂直板材。

内盖铰链

内盖铰链主要用于柜体内部的柜门安装。柜门安装后，柜门表面与柜体垂直板材表面平行。

> **小贴士**
>
> **铰链的质量**
>
> 　　优质铰链在柜门开启时力道比较柔和，关至 15° 时会自动回弹，回弹力均匀；劣质铰链的材质则多为薄铁皮，几乎没有回弹力，长时间使用会失去弹性，从而导致柜门关不严实，甚至出现开裂现象。

4.5.6　便捷灵活的滑轨

　　滑轨，又名导轨、滑道，主要固定在柜体上，是用于抽屉或柜板出入活动的五金连接构件。优质的滑轨推拉自然、顺畅，使用寿命也比较长。注意应依据抽屉或柜板尺寸选择合适规格的滑轨。

滑轨的分类

类别	图例	注释
滚轮式滑轨		结构简单，主要由单滑轮、双轨道组成。这种滑轨虽然能够应对日常生活所需，但整体的承重力比较差，且缓冲、反弹能力均较差
钢珠式滑轨		多为两节、三节的金属滑轨，大多安装在抽屉侧面。这种滑轨能很好地节省空间，且承重力比较大，推拉也比较顺畅

类别	图例	注释
齿轮式滑轨		有隐藏式滑轨、骑马抽滑轨等多种类型，具有缓冲关闭和按压反弹开启等功能，加工成本比较高，价格比较贵
阻尼滑轨		由固定轨、中轨、活动轨、滚珠、离合器、缓冲器等组成，主要是利用液体缓冲，从而实现静音抽拉。这种滑轨耐用性比较强，且抽拉顺畅，抽拉的冲击力比较小

4.5.7　磁碰与气动支撑杆

磁碰的作用原理是利用有磁性的两部分相互吸引，从而使柜门与柜体之间牢固结合，以达到锁紧的目的。气动支撑杆则是利用气压杆原理，从而实现升降的目的，这种五金配件具有较好的缓冲能力，能有效避免冲击。

磁碰

安装数量不宜过多，仅安装在使用频率高且面积较大的柜门上，避免柜门受磁碰影响而变形。

气动支撑杆

气动支撑杆主要配合柜门铰链使用，打开柜门时能固定柜门开启角度，适用于向上开启的柜门安装。

第 5 章

全屋定制制作工艺

全屋定制家具组合

重点概念: 制作设备、柜体制作、门板制作、饰面制作、规模化生产、预装、包装、运输。

章节导读: 全屋定制工艺水平与产品质量、造型等有着密切联系，只有精湛的制作工艺才能保证全屋定制产品的美观性、完整性与稳定性。了解制作所需设备和分步制作要点，是保证全屋定制产品生产顺利进行的必要条件。

5.1 熟悉常用制作设备

精细的设备是制作精准造型的必要条件，使用专业设备不仅能有效提高全屋定制产品制作的效率，而且能使其制作更简单、便捷。

5.1.1 开料设备：电子开料锯

在全屋定制生产过程中用到的开料设备主要有电子开料锯与数控加工中心开料设备。

1）电子开料锯

电子开料锯，又称电脑裁板锯，是比较先进的数字化加工设备。通常导轨的稳定性、锯车的磨损情况、锯车运行的平稳性、锯片的位置、锯片和锯齿的完整性等都会影响最终开料效果。在实际选用时，应仔细观察电子开料锯台面是否平整，锯片是否有磨损，导轨硬度和形状是否有异常等。

- 名称：电子开料锯
- 特点：裁切精确度高、损耗低，锯口精准、整齐，其伸缩型靠尺能使长板件的锯切更准确，且能节约工作空间
- 用途：主要用于裁切多种板材，通常裁切出来的板材为矩形
- 使用：多采用红外线扫描，离锯片 10 mm 之内有异物时，锯片会自动下沉

电子开料锯

2）数控加工中心开料设备

数控加工中心开料设备不仅可以为曲线板件开料，而且可以裁切出不同造型的板件，如多边形、圆弧形等，能有效解决异型定制产品制作困难的问题。

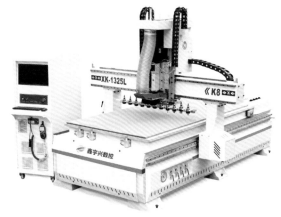

● 名称：数控加工中心开料设备
● 特点：智能化，自动化，运行稳定，裁切精准
● 用途：主要用于裁切多种板材
● 使用：使用铣刀沿着板材边缘直接铣削，使凹槽深度超过板材的厚度，从而达到切割的目的

数控加工中心开料设备

5.1.2　切割雕刻设备：雕刻机

雕刻机的部件主要包括控制系统、主轴、变频器、驱动器、导轨、齿条等。在选择雕刻机时，应在保证雕刻精准度的前提下选择合适的部件。

常见的电脑雕刻机有激光雕刻机和机械雕刻机两类。激光雕刻机能使雕刻精细、无锯齿，获取平整、光滑的底面和清晰的轮廓，比较适合制作大型切割或浮雕等；机械雕刻机则适合制作建筑模型、三维艺术品或小型标牌等。全屋定制产品生产运用较多的是大功率机械雕刻机。

● 名称：雕刻机
● 特点：多为双轴或四轴，能同时雕刻多个不同或相同造型，雕刻速度快，工作效率高
● 用途：可用于各种实木家具、定制家具、艺术壁画、装饰品等的制作，也可用于各种木质板材平面的雕刻、切割、铣形、打孔等操作
● 使用：结合电脑进行雕刻、铣、切等操作

雕刻机

雕刻机在全屋定制行业中最常用，此外还有用于家具构件精细加工的雕铣机和CNC加工中心，这两种设备能辅助雕刻机进行生产加工。雕刻机、雕铣机和CNC加工中心三者的区别见下表。

雕刻机、雕铣机和CNC加工中心之间的区别

类别	图例	特点
雕刻机		雕刻时能进行断点记忆，能在意外断刀情况下继续加工或隔天继续加工，能保存多个工件与加工原点数据信息。其中直排式自动换刀雕刻机采用钢结构无缝焊接，变形小，承重力强，精度高，整体耐磨损，运行平稳，具备断点、断电续雕功能和回原点自动纠错功能
雕铣机		可雕刻、铣切，具有较强的切削能力，加工精度高，加工速度快，加工后的产品具有较好的光洁度，整体性价比高
CNC加工中心		自动化水平高，能有效避免人为误差，从而提高加工效率和加工精度，经济效益较好

5.1.3 锯割设备：型材切割机

型材切割机又称砂轮锯，这种设备拥有隐藏式锯片与脚踏式开关，能自动压料、锯料，既可以做90°直角切割，也可以在0°～180°范围内进行任意斜切操作。

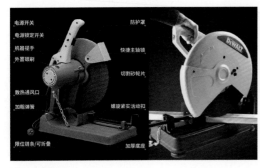

型材切割机

●名称：型材切割机
●特点：操作简单，安全可靠，切断面平整、光滑，锯切精度高，工作噪声小，劳动强度低，生产效率高
●用途：适用于锯切各种异型金属铝、铝合金、铜、铜合金、塑胶、碳纤等材料，锯切铝门窗、相框和塑钢材料，或用于切割金属方扁管、方扁钢、工字钢、槽型钢等材料
●使用：通电后手持操作

使用型材切割机时一定要有耐心，具体注意以下事项：

①提前熟悉设备性能	②按照规章制度操作	③不可酒后操作	④不可疲劳操作	⑤操作前不可服用药物	⑥定期检查电源线路
⑦操作前检查结构部件	⑧戴好手套、口罩	⑨不可将易燃、易爆品与型材切割机置于同一空间	⑩确保砂轮片的完整	⑪保证夹持牢固	⑫机体严重抖动时须立即关闭电源并检修

5.1.4 封边设备：封边机

封边机可将封边程序高度自动化，能完成直面式异型封边中的输送、涂胶贴边、切断、前后齐头、上下修边、上下精修边、上下刮边、抛光等诸多工序。

● 名称：自动封边机
● 特点：可一次性完成输送封边板、送带、上下铣边、抛光等工作，且黏结牢固、快捷、轻便、效率高
● 用途：适用于中纤板、细木工板、实木板、刨花板、实木多层板等板材的直线封边、修边等操作
● 使用：通电后操作，有手提操作与自动操作两种方式

自动封边机

封边机功能强大，具体包括预铣、涂胶封边、齐头、粗修、精修、刮边、仿形跟踪、抛光、开槽，详细介绍如下：

①预铣
铣削和校正边缘不规则的板材，增强板材的美观性，使封边条与板材贴合更紧密

②涂胶封边
增强封边材料与封边板材之间的黏合力

③齐头
利用靠模自动跟踪板材，利用高频高速电机切削板材，获取光滑、平整的断面

④粗修
利用平刀修整封木皮时产生的多余部分

⑤精修
利用 R 形刀修整板式家具的 PVC 或亚克力封边条

⑥刮边
修整切削过程中板材边缘产生的波纹痕迹，使板材更光滑

⑦仿形跟踪
利用上下修圆角装置提高板材端面的美观性与光滑性

⑧抛光
利用棉质抛光轮来清理已加工的板材，并使板材封边端面具有光滑感

⑨开槽
用于衣柜侧板、底板等的开槽，或门板铝包边的开槽

5.1.5　锯切设备：木工台锯

木工台锯有两种类型，一种为工厂定制型，一种为现场制作型。前者体量较大，通常不进入施工现场；后者安装快捷，体量较小，可以搬进施工现场作业。

● 名称：木工台锯
● 特点：操作简单，施工方便，数据准确，裁切规则
● 用途：适用于板材裁切和方料锯切操作
● 使用：通电后操作

木工台锯

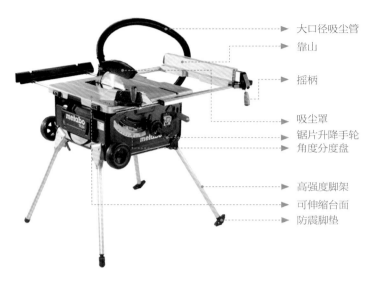

大口径吸尘管

靠山

摇柄

吸尘罩

锯片升降手轮

角度分度盘

高强度脚架

可伸缩台面

防震脚垫

木工台锯的构成

5.1.6 打钉工具：钉枪

钉枪主要由枪身、弹夹组合而成，根据操作方式的不同有电动钉枪、气动钉枪、瓦斯钉枪、手动钉枪等几种。其中气动钉枪又名气动打钉机、气钉枪等，利用气泵气压作业产生的高压气体来带动钉枪气缸里的撞针做锤击运动，从而将钉子钉入板材或界面基层中。常用的气动钉枪有直钉枪、钢钉枪、码钉枪、蚊钉枪等。

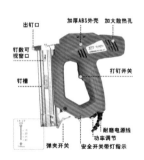

出钉口　加厚ABS外壳　大加散热孔

钉数可视窗口

打钉开关

钉槽

弹夹开关　耐磨电源线　功率调节　安全开关带灯指示

打击力度调节旋钮

金属手柄

手柄固定扣

防震垫

加固固定栓　卸钉开关　装钉口

（a）电动钉枪　　　（b）手动钉枪

钉枪

- ●名称：钉枪
- ●特点：操作简单，手持质量轻，无油液损耗，施工方便
- ●用途：适用于板材与板材或界面基层之间的连接，以及铝门窗作业等
- ●使用：手持操作

直钉枪、钢钉枪、码钉枪和蚊钉枪之间的区别

种类	图例	特点	用途
直钉枪		使用的钉子为直钉	用于普通板材间的连接和固定
钢钉枪		比直钉枪的体型、质量、冲击力更大	用于板材与墙体基础钉接
码钉枪		枪嘴为扁平状，适合码钉的射出	用于板材与板材之间的平面平行拼接
蚊钉枪		与直钉枪造型一模一样，但体型略小，且枪身放不下直钉，只能放专用的蚊钉，需要倾斜45°打钉	用于饰面板等较薄的饰面材料的固定，钉完后无明显的钉眼，美观性比较强

5.1.7　磨边设备：修边机

修边机又称倒角机，主要由电动机、刀头、可调整角度的保护罩组成，适用于木材倒角、金属修边、带材磨边，或用于磨削不同尺寸和厚度的金属带斜面、直边等。这种设备有固定式与活动式之分，活动式修边机可直接手持操作，用于打磨木材的边角，并进行修边、磨边处理；固定式修边机需固定好设备，再将木材慢慢推入进行精磨操作。

●名称：修边机
●特点：具备粗磨、精磨、抛光等功能，操作简单，施工方便
●用途：用于修平贴好的饰面板和木线条边缘，也可用于木材边缘的造型倒角，以及雕刻简单花纹

（a）活动式修边机　　　（b）固定式修边机

修边机

5.1.8　装配工具：风批

风批又名风动起子、风动螺丝刀等，属于气动工具。这种设备能固定不同规格的螺钉，主要用气泵作为动力来运行，可用于各种装配作业，尤其适用于石膏板、家具柜门铰链等的安装。

● 名称：风批
● 特点：操作简单，施工方便，装配速度快，工作效率高
● 用途：适用于拧紧或旋松螺钉、螺帽
● 使用：通电后操作，按下转动开关，确认转动方向，根据需要调整转速、转动力度即可

风批

5.2 掌握柜体制作工艺

要想熟练地掌握柜体的制作工艺，便需要了解柜体制作的相关流程，具体如下：

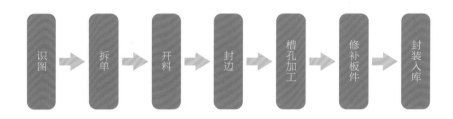

识图 → 拆单 → 开料 → 封边 → 槽孔加工 → 修补板件 → 封装入库

5.2.1 识图：正确理解图纸内容

全屋定制产品的设计图纸主要由终端销售门店的设计师绘制，客户也可选择由装修公司的设计师绘制，但必须与终端销售门店做好设计对接工作。在正式下达生产任务前，设计师应当仔细审核设计图纸，要将客户的要求准确且完整地展现在图纸上，并确保设计不会出现任何失误，施工人员能够正确理解图纸内容，生产任务能够正确、顺利进行。

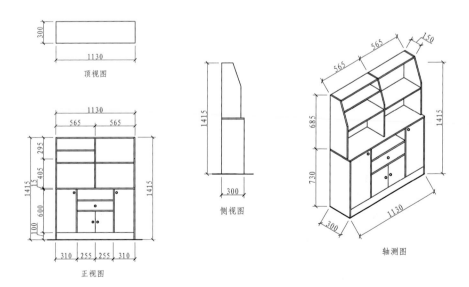

（a）设计图纸

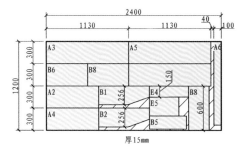
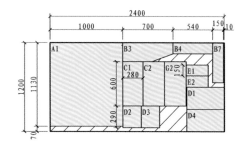

（b）板料下料图

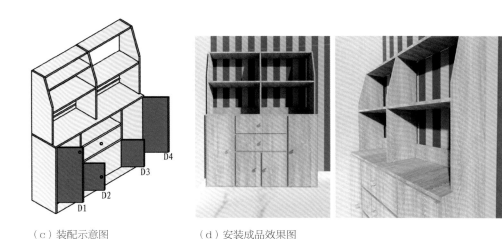

（c）装配示意图　　　　　（d）安装成品效果图

柜体设计图纸（单位：mm）

全屋定制产品的设计图纸在下单前要进行多方审核，审核通过才可进入生产流程。通常设计图纸以三维轴测图为主，且多会依据设计情况绘制产品拆分后的设计图纸，可选用专业的设计软件来完成，这样工作效率也会更高。

5.2.2　拆单：有效转化设计图纸

拆单是全屋定制中必不可少的工序，是从设计图纸到加工文件的转化过程。拆单的主要目的便是将前期设计好的定制产品订单拆分成具体的零部件，并根据零部件的加工特性进行分组加工。

拆单是对全屋定制产品结构的全方位剖析，这种形式能使用户和设计师更直观地了解产品构造，通常通过计算机完成。为了实现前端设计、销售和生产的高效对接，拆单操作多会被整合到消费者管理系统（CRM）中。

拆单会将家具中各板件分离并进行编号，编号形式由拆单软件自行编制，最重要的是会标出拆单后板料的规格，这是板料加工与检验的依据。

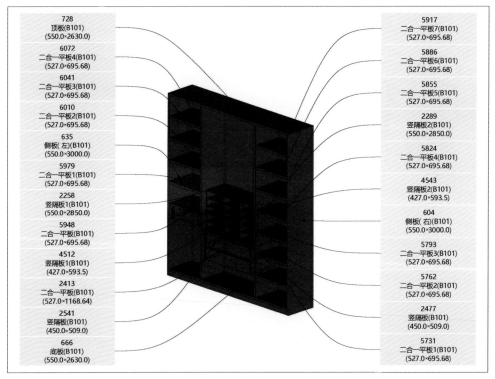

柜体拆单示例

5.2.3　开料：精准裁切板材

开料是对加工板材进行裁切。普通裁板锯是电子开料锯的补充工具，主要用于裁切部分非标准、用量较少的板件，例如运输过程中出现损坏，需要补发的板件。

每完成一道柜体制作工序后，施工人员会将板件放置在运输轨道上，启动按钮便可将板件运输至下一个工艺制作点。轨道中间需预留出足够的空间，以供施工人员安全通行。且运输时应当将活动轨道与固定轨道连接在一起，以形成一条完整的轨道，这种工作方式不仅方便、快捷，而且能有效提高工作效率。

开料的具体流程如下：

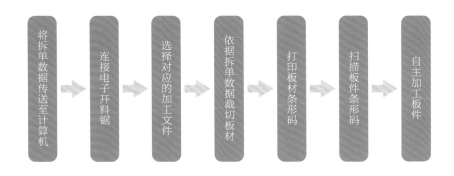

将拆单数据传送至计算机 → 连接电子开料锯 → 选择对应的加工文件 → 依据拆单数据裁切板材 → 打印板材条形码 → 扫描板件条形码 → 自主加工板件

在开料系统中，可获取准确且完整的开料数据，全屋定制软件还会自动生成产品爆炸图与开料明细表，这些都将成为开料的重要参考资料。

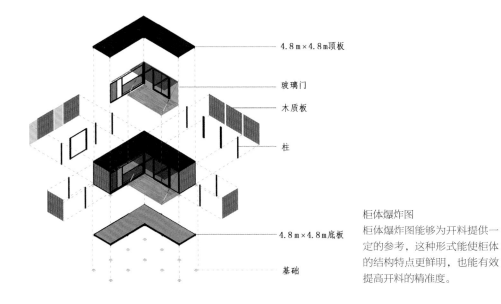

4.8 m×4.8 m顶板

玻璃门

木质板

柱

4.8 m×4.8 m底板

基础

柜体爆炸图
柜体爆炸图能够为开料提供一定的参考，这种形式能使柜体的结构特点更鲜明，也能有效提高开料的精准度。

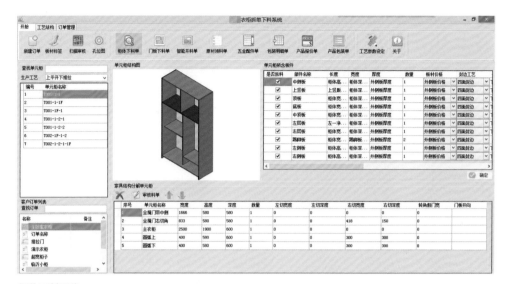

柜体开料系统

柜体由不同的结构部件组成，这些部件承担着不同的作用，通常会在开料系统操作界面中详细标明。

柜体开料明细表

自动拆单完成后会生成开料明细表，该表格包括柜体制作所需板材的类别和规格，这也是后期组装与包装的必要资料。该表格也能指导安装人员正确安装。

板材开料

板材开料一定要保证裁切数据的正确性，且在正式裁切之前，要仔细检查裁切设备能否正常使用，注意做好防护工作。

5.2.4　封边：提高柜体的美观性与实用性

封边能使板材边缘更有光滑感，从而增强柜体的美观性并延长其使用寿命。全屋定制产品多采用全自动封边机对板件进行封边，这种设备具有高自动化、高精准度、高美观度等特点。当然也有部分板材会采用手动封边方式，具体需根据实际情况选择。

1）机器封边

机器封边常用的设备有直线封边机、曲线封边机、数控封边机等。直线封边机可用于规则型板材封边；曲线封边机可用于异型封边，数控封边机则可用于特殊曲面的封边。这些自动化封边设备拥有较高的工作效率。

2）手动封边

柜体的部分异型结构依旧需要手动封边。手动封边机采用手动控制，封边作业范围大，可保证热熔胶不糊、不漏，不仅适用于各种板材的直、曲线封边，而且适合各种家具、教具等生产厂家使用。

板材封边
机器封边十分智能，封边时只需将板件放入封边机轨道即可，注意做好基本防护工作。

封边线条选择
封边时应当根据不同板件的色彩、型号，选用色彩相近或同型号的封边线条。

手动封边
手动封边机能对异型板件封边达到良好效果，封边造型应用自如。

5.2.5　槽孔加工：保证孔位的精准度

全屋定制产品的槽孔加工多使用数控钻孔中心完成。数控钻孔中心可以在一台设备上实现板件多个方向的钻孔、开槽、铣削等加工。

数控钻孔中心能有效避免槽孔加工环节中多台设备调整复杂、工序繁多的缺点。施工中需注意，归置板件时应当根据板件的批次、尺寸和力学等方面的要求，将板件整齐、有序地堆放到推车上，并等待进入下一步工序。槽孔加工的具体步骤如下：

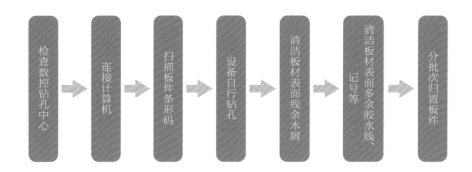

检查数控钻孔中心 → 连接计算机 → 扫描板件条形码 → 设备自行钻孔 → 清洁板材表面残余木屑 → 清洁板材表面多余胶水线、记号等 → 分批次归置板件

槽孔加工与开料都属于机械作业，为了保证生产过程中不发生意外，在每一台机械上都设置有一个紧急制动按钮。当发生卡板或其他问题时，施工人员只需按下紧急制动按钮，机器便可立即停止作业，这个设置也能更有效地保证施工人员的人身安全。

板材钻孔

清理板材表面残渣

紧急按钮

5.2.6　修补板件：保证使用率

柜体的制作工艺十分精湛，在生产过程中，由于步骤较多，不同功能的板件在运输过程中难免出现摩擦与碰撞，板材表面也会出现一些细微的伤痕。为了保证柜体的稳固性与美观性，应及时修补破损部位。

修补板件

修补前，可将腻子与颜料搅拌在一起，调制成与板材相近的颜色，这样能有效地遮住板材上的伤痕；修补时，应将调制好颜色的腻子浆均匀地涂抹在板件上，待其凝固后再用砂纸打磨，这样做是为了使修补的部位更光滑、平整。

5.2.7　封装入库：保证顺利出仓

柜体制作完成后，还需用专业的设备进行板材入库数据统计，并根据编码将成品板材放入库房中，等待物流出仓。这些数据是后期板材运输和核对的重要参考资料。

5.3 掌握门板制作工艺

门板制作的相关流程如下：

门板加工 ➡ 门框制作 ➡ 组装框架 ➡ 组装门板

门板的主要用途是分隔柜内空间与室内环境，同时也能有效地阻隔灰尘、水汽。在全屋定制产品中，门板属于需要频繁开、关的活动部件，应用较多的是移门与平开门，前者使用方便，能有效利用空间，后者则对空间有较高的要求。

衣柜平开门

衣柜移门

实木门板的优缺点

　①优点：实木门板采用天然的实木作为门芯，不但拥有非常独特的纹理和光泽，给人一种十分古朴的感觉，而且具备较好的环保性能，隔声性能也相当好。另外，实木门板不会轻易变形，耐腐蚀、隔热、保温等性能也十分不错。

　②缺点：由于制造实木门板所用的材料大多是一些比较名贵的木材，如樱桃木、胡桃木等，且制造的工艺相对复杂，因此实木门板的价格比较昂贵。

5.3.1 门板加工：选择合适的加工形式

门板加工与柜体加工的施工要点基本相同，具体制作时应根据客户要求选择合适的板材。例如，壁柜门的木板选择厚 8 ~ 12 mm 的板材，这样制作而成的壁柜门使用起来会更具稳定性，使用寿命也能大大延长。

门板常见的加工形式主要有平板、织物软包、透雕图案等几种。其中织物软包具有较强的装饰效果，施工以人造板为基材，在清理基层且保证基层表面没有灰尘后，在人造板表面粘贴海绵等填充物，再包覆织物、玻璃（包括艺术玻璃）、透雕板等材料，这种加工形式能有效增强门板的隔声性能。

门板加工
门板在制作时可做成凸凹造型，终端设计生产商应根据客户的要求进行门板基材加工。

门板封箱
加工好的门板应用薄膜包覆，检查完毕确认没有破损后，才可装箱封存。

5.3.2 门框制作：把控材料尺寸

门框制作应结合客户要求、室内空间高度等因素选择合适的材料与门框尺寸。门框的结构主要有两种，一种是 45°拼角框，另一种则是垂直组合框。比较常见的门框样式主要有人造板门框、金属门框等几种。

45° 拼角框
45° 拼角框在外形上呈现出45°的倾角，纹路会更深刻。拼角拼接时，需要在角部塞入预埋件，然后再用螺钉牢牢固定住门框。

垂直组合框
垂直组合框直接与门板组合，没有弧度。垂直拼接时，应直接将横框的端头用螺钉固定到竖框上，并保证门框四个边角的整齐性，且上下边框要平行。

1）人造板门框

人造板门框的最大高度为2400 mm左右，且受到人造板规格的限制，通常不会做到顶。若在特殊情况下需要做到顶，则要分上、下两段制作柜门。

2）金属门框

金属门框多选用铝合金型材制作，柜门高度约为3600 mm，且为了与柜体的外观相搭配，也为了增强柜体的整体性，多会在型材表面进行覆膜操作。

5.3.3　组装：按步骤施工

门板的具体组装工作应符合设计图纸上的要求，通常门板上会预留钉眼，施工人员使用专用的工具便可进行安装。下面以衣柜推拉门为例介绍门板的具体组装步骤。

组装框架 ▶ 嵌入整面板 ▶ 嵌入拼接门板 ▶ 安装底部框架 ▶ 打入乳胶漆 ▶ 安装后检查

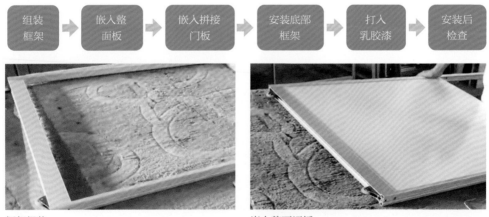

框架组装
预埋门板连接件，根据图纸在框架上打孔，并将组合好的框架用五金件连接起来。应将底部的框架预留出来，以便安装进板。

嵌入整面门板
组装好框架后即可开始嵌板，分为整面门板与不同颜色拼接的门板。注意嵌入的板材不同，组装工序也会有所不同。

嵌入拼接门板

拼接门板的两块板面中间设计有铝合金线条，这种安装形式能遮住板面切面的缝隙，使板面更美观。

底部框架安装

门板嵌入完成后即可开始安装底部框架，在安装底部预留框架的同时，可安装顶部滑轮。

打入白色乳胶

门板安装完毕后，还需在框架与门板交接处打入白色乳胶，这样才能保证框架与门板的无缝连接。

门板安装

将门板安装至柜体上，为了保障后期使用，还需做开合试验，注意门板的风格应当与柜体的风格一致。

·小贴士·

免漆贴面工艺

免漆贴面工艺是在板材表面包覆一层装饰层，这种装饰层多为三聚氰胺装饰贴纸。该工艺操作简单，经济、安全，且能有较好的光泽度，可广泛应用于家具的面板、装饰部分。由于目前柜体的板材在采购时已经进行了贴面操作，因而无须再次覆膜或装饰，只需封边即可。

5.4 掌握饰面制作工艺

饰面制作的相关流程如下：

原料加工　→　打磨　→　砂光　→　喷胶　→　覆膜　→　修整

5.4.1 原料加工：铣形要精准

饰面板多选用纤维板为基材，通常可通过开料、铣形等工序来加工纤维板基材。其中铣形加工可以使用数控雕刻机来进行，该设备功能强大，既可用于加工板材表面纹路，也可用于在板件表面铣削出纹样，还可用于加工板件的边缘造型，使用时注意核查设计图纸尺寸的准确性。

5.4.2 打磨与砂光：注意细节

板件雕刻加工后需要进行必要的打磨、砂光，以使板材表面触感光滑，这个工序能获取尺寸更精准的板件。注意打磨后需进行除尘处理，要保证黏结基层的干净、整洁，如果板材表面灰尘过多，则很有可能造成胶合强度下降，这也会影响最终的加工结果。

板材铣削纹样
使用数控雕刻机加工后的板面在视觉上更有凹凸感，板材表面的纹路也更清晰。

板材打磨、砂光
经过打磨、砂光的板材表面光洁度会更高，最后成品的覆膜效果也会更好。

5.4.3　喷胶：温度与湿度要平衡

板材表面的喷胶工作多在喷胶车间内进行，在喷胶前要保证车间内的温度、湿度处于正常值，且二者要相互平衡，并要清除板面与四边的余灰。喷胶时应在基材表面均匀喷涂胶水，并根据贴面材料的要求调整喷胶量，选用正确的喷涂方法。喷胶完成后，应将板件放置于专门的晾干区域，放置一段时间后，再进入下一道工序。注意在夏季晾干需 20 ~ 30 分钟，在冬季则需 40 ~ 60 分钟。

（a）自动喷胶机

（b）板材晾干

板材喷胶

可使用自动喷胶机为板材喷胶，该设备可均匀地在板材表面进行喷胶处理，喷胶时注意控制好喷胶量。喷胶结束后还应将板材置于晾干区域风干，且须整齐码放。

5.4.4　覆膜与修整：完善板材性能

1）覆膜

覆膜的方法有多种，对于不同饰面的板材，覆膜方式也会有些许不同。通常板面平整或规则的，可用后成型方法覆膜；表面带有雕刻装饰或造型较复杂的板件，则可采用真空覆膜技术。

真空覆膜技术主要利用真空覆膜机抽取真空获得负压，从而将各种 PVC 膜贴覆盖到橱柜、工艺门、装饰墙板等家具表面。这种设备既可对贴面材料施加压力，又可在异型板材表面上均匀施压。经过真空覆膜的板件不仅外观精美，而且花型比较饱满。

● 名称：真空覆膜机
● 特点：工作效率高，施工效果好
● 用途：可用于板材饰面覆膜
● 使用：可一次性加工多个板件，操作时应将板件平稳放置在覆膜机上，然后通过加热使膜软化，再抽取真空产生负压，从而将贴膜紧压到板件表面上

真空覆膜机

　　覆膜后的板件表面会比较单调，且部分贴面材料所具有的柔韧性、延展性等也会受到各种因素的影响，从而导致板件造型的微小曲面部分的半径不会很小，板件表面线条的清晰、锐利程度也会有所降低。为了丰富板材饰面效果，可根据风格需求进行手工装饰，这样板材会更美观。

2）修整

　　覆膜后的板件边缘会留下残余的膜，为了保证板材的美观度，需使用刀片手动将多余部分修整掉。中空的板件覆膜后，孔洞会被遮盖，这种情况也需要手动裁剪、修整。

板材覆膜
板材覆膜后，外表看到的效果和直接进行雕刻的效果一致，具有加工效率高、材料利用率高等优势。

实木饰面全屋定制
实木饰面板具有比较真实的手感，且饰面纹理大气，能形成良好的视觉效果。

5.5 高效的规模化生产

全屋定制之所以可以高效生产，最重要的原因便是生产系统具备较高的自动化与信息化水平，且该系统能满足定制家具多品种、小批量生产的要求，缩短产品生产周期，不断优化生产工艺。

5.5.1 标准化生产

在传统生产工艺流程中，主要由人工来辨识原材料和板件，这种生产方式效率比较低，辨别板件的准确度较差，且需要工作人员具备较高的职业素养和较好的职业技能。如果工作人员的各项综合能力无法达标，则很有可能会因其错误判断而导致裁切、铣形等失误的出现。目前，我国生产板件的过程主要运用扫描条形码的方式来识别板件，包括一维条形码和二维条形码，其基本原理是用数字编码技术存储信息，用扫描设备进行编码识别。由于二维条形码比一维条形码信息存储量更大，耐损毁能力更好，因此大范围应用于全屋定制生产中。板件加工完成后，工作人员会将软件自动生成的背胶纸质条形码粘贴到板件上，生产信息系统便可以根据条形码监控每一块板件的生产进度，从而把控整个订单的进度。

自动化生产线

板件二维码

目前，全屋定制的订单信息可以通过图纸、标签、条形码等方式表现，生产端可通过人工、扫条形码、直接接收输入信息等方式识别订单信息。其中条形码包含板材零部件的常用信息，如零部件名称、订单号、用户名称、零部件编号、材料特性、包装信息、发货信息等内容，可供各个工序加工前后扫描输入计算机系统，由系统识别板件相关信息；而包装标签则用于在物流运输及安装过程中识别包装信息。

板材制造的家具订单查询　　　　　　　当前位置：首页 订单查询

⊙ 进行查询

| 选择品牌： | 请选择品牌 ▾ |
| 订单编号： | 　　　　　　　　　　订单编号：（例如：Z 1234656789） |

查询　　重置

⊙ 查询结果

订单编号：	家具品牌名称	购买家具店面名称	所购产品类别	使用板材品牌

家具订单信息

家具订单信息可以通过扫描条形码直接显示在电脑上，这种形式安全、便捷，也能很好地保护消费者的个人信息。

5.5.2　自动化生产

自动化生产要求设备能自动执行信息化指令，并按照生产文件要求完成各种加工。常见的全自动开料锯带有信息化接口，使用时在开料锯上安装信息化执行系统，并在开料设备上输入板料的规格、色泽、纹理方向等信息，开料设备会根据生产文件要求的规格自动执行锯板操作。

数控加工中心同样具有相应的信息化接口，只要与软件相匹配，便可实现各种自动加工。对于部分暂不能进行信息化改造的工序，则可通过加装显示屏指示工人操作作业，扫描待加工零部件上的条形码，显示屏便会显示该零部件加工操作的工艺步骤，并以信息化的数字文件指示工人进行具体的加工操作。

●名称：自动排钻机
●特点：工作效率高、精准度高
●用途：根据数码文件的指令要求对孔位、孔径、孔深等进行自动化钻孔处理
●使用：根据文件指示作业

自动排钻机

5.6 熟悉预装拆解流程

全屋定制家具预装、拆解的相关流程如下：

核对板材数量与编号 → 预装螺钉 → 预装层板 → 柜体组合 → 预装完成 → 拆除

在签收定制家具之前，需要预先在生产车间进行组装，这既是为了确保所生产的家具尺寸没有问题，也是为了检查家具的钉眼位置、板块数量等是否正确，还能核对客户的收货地址与收货信息。

5.6.1 流程1：核对板材数量与编号

在预装前要仔细检查所有板材数量、配件数量、板材编号、板材名称等是否正确，并对照板材发货单的总件数进行细致检查。

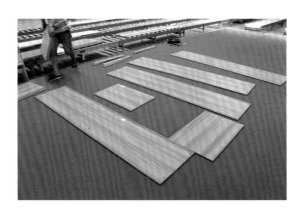

平铺板件
将家具的所有板材按照安装顺序依次整齐放置在工厂的预装区域，中间要留出供人行走的位置。

5.6.2 流程2：预装螺钉

准备好专业的安装工具，由于预装不需要固定家具，只是检测家具能否组装完成，因此，只需要检查板件之间的开孔部位能否对准即可。可使用电动螺丝刀预装螺钉，这步操作也是为了保证定制家具能正常使用。

预装螺钉
清点完板材后，应将螺钉上到板件已开好的孔内，注意螺钉要垂直于板件，需上到刚好与板件的孔面齐平。

5.6.3 流程3：预装层板

柜体组装多从底部装起，应按照底板、层板、顶板的顺序进行预装。安装时应根据螺钉位置将板件拼接好，并将三合一连接件与螺钉固定好，固定力度达到70%即可，方便拆除。注意预装过程中不可混淆板件拼接的先后顺序，应从下往上预装层板。

（a）预装底板与第一块层板
安装第一块层板时需仔细检查孔洞位置的精准度。

（b）预装第二块层板
安装第二块层板，反复检查安装位置与安装顺序。

（c）预装第三块层板
第三块层板的孔洞位置与第一块对应。

（d）预装第四块层板
第四块层板是封顶板，孔洞位置又有所不同。

预装层板

5.6.4 流程 4：柜体组合

如果有多个柜体，则预装时应先安装单个柜体，再根据设计图纸将其组装在一起。注意在预装过程中，需仔细检查板件的螺钉孔与螺钉能否轻松对上，板材与板材之间能否准确对齐等。

（a）检查安装好的单个柜体
单个柜体安装完毕后，再次检查安装顺序是否存在错误。

（b）连接组合柜体与侧板
多个柜体组合时，如果柜内布局一致，则需保证柜体侧板合并时没有缝隙，各层板也应处于同一安装水平线上。

（c）按顺序预装新柜体的层板
依次安装新柜体的层板，在第一个单体柜安装的基础上，预装会越来越顺利。

（d）完成柜体组合后检查
仔细检查预装后的效果，保证所有孔洞都能够完全对应。

柜体组合

5.6.5　流程5：预装完成

预装完成后，还应根据设计图纸，仔细检查安装好的板件，并确认其没有误差、变形、开裂等情况。在整个安装过程中，整个柜体无须竖立起来，螺钉无须紧固，三合一连接件也无须安装。

定制家具预装完成
预装完成的家具应符合设计图纸的相关要求，安装人员应对安装完成的家具进行尺寸复核，这是为了确保家具的尺寸与订货单上的定制尺寸保持一致。

5.6.6 流程6：拆除

确认预装好的家具没有任何问题后，便可按照原样拆卸。预装过程中拆开的零件仍需仔细检查，确认没有零部件遗漏之后再交给打包人员，最好多准备两三个固定数量的零件，这样也能避免客户在家自行组装时，丢失个别零件导致组装工作无法进行的问题。

拆除
拆除后的板材应集中堆放在传送带上，要确保拆除后的板件数量没有任何缺失。

预装的目的主要在于检查家具的安装可行性，同时也防止在施工现场安装时出现错误而导致返工。需注意，如果在预装过程中发现错误，应当及时修整或重新制作相关板件，以保证客户获取质量优等的产品，也有利于生产企业建立良好的口碑。

5.7 包装与运输

5.7.1 包装：大小要合适

全屋定制家具板件可采用硬纸板包装，应根据板件尺寸进行整合包装。根据板件功能不同，分为柜体包装、柜门包装、五金件包装等几种类型。注意包装时应选定合适的硬纸板，并切割出合适大小的纸包，这样包装不仅稳固，而且能节约空间。

全屋定制家具尺寸规格多有变化，且有固定规格的包装箱，因此每一个纸包都需要单独裁切。裁切纸包通常有手工裁切与机器裁切两种方式。

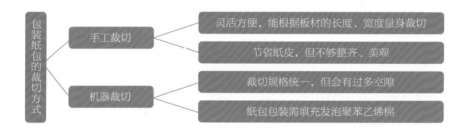

（a）清点板材
清点需要包装的板材，按照板材的大小摆放在一起。

（b）码放板材
选择大小合适的硬纸板，将板材按照顺序依次码放在纸板上。

（c）做裁切记号
确定板材在硬纸板上的位置，并做好记号。

（d）裁切纸板
根据所标记的位置，使用裁纸刀匀速切割硬纸板。

（e）折叠纸板
包装过程中，可几人配合操作，这样工作效率也会更高。

（f）粘贴透明胶带
根据标线位置，将硬纸板弯折，把板材紧紧地包裹在里面，并使用透明胶带固定。

（g）包装完检查
检查板材的边角处是否包装完好，边角部位应加入发泡聚苯乙烯棉，以防板材边缘受损。

定制家具板件包装

5.7.2　运输：存储与发货

1）存储

全屋定制家具在生产结束或成品进入物流环节前，都需要在工厂暂存，而存储这些周转准成品的地方就是成品库。注意成品库的空间内部环境既不可过于干燥，又不可过于潮湿，通风条件也必须达到要求，易燃、易爆物品更不可置于其中。定制家具在此中转时应整齐、分类码放，这样后期提货时会方便操作。

2）发货

全屋定制家具发货时，应先使用周转车将货物包搬到发货平台，然后对纸包条形码进行扫描核对，确定产品信息无误后再将货物装车，统一送往物流点。定制家具配送多由第三方物流负责，货物会直接配送至各地经销商或客户手中。

发货前应将需要出库的板材包裹有序放置在出货区，等待装车。且出库前应在货架上平放 24 小时，需待板材适应了环境温度后再出库，这样能有效防止板料出现变形。

（a）升降机
工作人员可利用升降机单独码放货物，这也方便清点与整补货物。

（b）高位货架
高位货架采用叉车升降货物，在存放货物时应对货架进行标号，这样后期查找、管理也会更有效率。

定制家具板件存储

包裹装车
货车上堆积的层数不能大于 5 层，否则上层产品自重会对下层产品包装造成压载破坏。

板件包装
产品应当采用木料制作框架，并搭配胶合板围合包装，这种方式适合长途运输。

第 6 章

全屋定制安装方法

全屋定制安装完成

重点概念： 安装设备、安装流程、构件清查、五金件安装、验收。

章节导读： 安装全屋定制产品前应当准备好工具设备，根据设计图纸将板件一一分类，确定没有构件遗漏后方可正式安装。安装结束后还应进行必要的检查，如通过摇晃柜体确认整体构造的稳定性等。为了获得良好的安装效果，还需要熟记设计图纸，在安装后细心检查，确保顺利验收。

6.1 熟悉常用安装设备

6.1.1 高效率的冲击钻

冲击钻又称电锤，是一种依靠强大冲击力进行钻孔的钻机，能在驱动钻头高速旋转的同时，附带前后轴向锤击功能，在钻孔的同时增加力量，破坏混凝土、砖块、石块构造，快速形成孔洞。

自动排钻机

● 名称：冲击钻
● 钻头规格：主要有 ϕ 6 mm、ϕ 8 mm、ϕ 10 mm、ϕ 12 mm、ϕ 14 mm 等几种
● 用途：在混凝土楼板、砌筑墙体、石料、木板、多层材料上进行冲击钻孔，在孔洞上安装膨胀栓或膨胀螺栓，从而安装家具柜体
● 使用：通电后，以旋转、切削、击打等综合方式达到钻孔的目的

使用冲击钻的具体注意事项如下所示：

①查看电源电压是否为额定电压

②检查机体绝缘防护情况

③检查机器螺丝是否松动

④选择合适规格的钻头

⑤确保导线完整

⑥避免油、水腐蚀电线

⑦电源插座需配备漏电开关装置

⑧检查电源线是否破损

⑨有异常时需立即停止工作

⑩使用时不可用力过猛或歪斜操作

⑪注意调节好冲击钻的深度尺寸

⑫移动冲击钻时不移动可拖拉橡套电缆

6.1.2　携带方便的手电钻

手电钻是以交流电源或直流电池为动力的钻孔工具，主要结构由电动机、控制开关、钻头夹等组成。这种设备具有正、反转和调速功能，携带方便，操作简单。工作时只有旋转功能，无击打功能。

●名称：手电钻
●钻头规格：主要有 $\phi 3\,mm$、$\phi 4\,mm$、$\phi 5\,mm$、$\phi 6\,mm$、$\phi 8\,m$ 等几种
●用途：家具板材钻孔，开螺栓引孔、拉手孔，修改柜子结构孔位，连接柜子螺钉丝等
●使用：使用时需配置十字螺钉批头，可用来安装三合一配件及其他配件螺钉

手电钻

使用手电钻的具体注意事项如下所示：

①使用前检查电源线是否有破损

②使用前要确保手电钻处于未开启状态

③使用前应空转 10 秒

④使用前检查螺钉是否松动

⑤操作前检查钻头能否正常使用

⑥钻孔时应双手紧握手电钻

⑦钻孔时向下压的力度不可过大

⑧清理刀头、换刀头等应在断电时进行

⑨为小工件钻孔应借助夹具夹紧

⑩加工工件后不可立即接触钻头

⑪手电钻过热时应立即断电检查

⑫应定期清洁手电钻的污垢

⑬应当定期更换手电钻磨损的电刷

⑭手电钻外壳应当有接地保护措施

⑮电源线不可触及热源或被水浸渍

⑯钻头旋转、进给方向要正确

⑰不使用时应切断电源

⑱注意做好安全防护措施

手电钻与冲击钻的区别

①手电钻只适合钻金属、木材等单一材质的孔，或拧螺钉等作业，不能钻混凝土；冲击钻有前后轴向击打功能，适用范围广，可对砖墙、岩石、混凝土等材质进行钻孔。

②手电钻旋转稳定，适用于金属、玻璃等细腻材质的精确定位钻孔；冲击钻由于有前后轴向击打功能，无法钻出对精细度要求高的小孔径孔。

6.1.3　类别丰富的开孔器

开孔器又称切割器或开孔锯，其配件主要有支持柄、弹簧、钻头等。开孔器材质品种多，适用于木材、玻璃、石材、金属等多种材质。用于家具安装的开孔器多为普通合金材质，适用于在各种木质人造板上开孔，安装家具的各种五金件、电气设备。

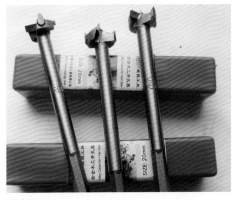

● 名称：开孔器
● 型号：主要有 ϕ 25 mm、ϕ 38 mm、ϕ 50 mm 等几种
● 用途：在铜、铁、不锈钢、有机玻璃、木头等多种板材的平面、曲面上钻圆孔、方孔、三角孔等，开通线盒、插座孔、现场开字台线孔、背板插座孔等
● 使用：将其安装在手电钻上使用

开孔器

6.1.4　测量精准的水平尺

水平尺是利用液面水平原理，以水准泡直接显示角度位移的计量器具。主要用于测量家具构造表面的水平、垂直、倾斜位置的偏离程度，功能比较强大，携带方便。

如果长期不使用，则应当拆除电池，或在金属部位薄涂一层润滑油，以增强其抗氧化性能。

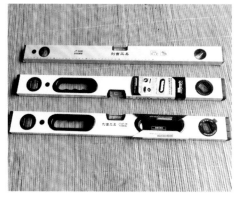

●名称：水平尺
●特点：造价低，质量轻，抗弯曲，不易变形等
●用途：用于长、短距离的测量，长度为1000 mm。刻度水平尺还可用于地柜或吊柜安装，柜体水平调整，拉篮、抽屉等五金配件安装时的水平调节
●使用：直接将其放置在被检测构造的表面，观察显示数据或气泡位置

水平尺

6.1.5 操作简单的玻璃胶枪

玻璃胶枪属于密封填缝打胶工具，主要有手动胶枪、气动胶枪、电动胶枪三种类型。使用气动胶枪时应配备护目镜，清理干净胶枪内部的余胶；使用电动胶枪时注意不可让电源线接触热源或被水浸渍，使用前应检查电源线是否有破损，注意做好防触电措施。

●名称：玻璃胶枪
●特点：操作简单
●用途：用于现场的台面板靠墙、收口以及顶底板与墙体之间的密封
●使用：用大拇指压住后端扣环，往后拉带弯钩钢丝，将玻璃胶头部放置其中，使胶嘴部分露出，再将整支胶塞进去，使用时挤压即可

玻璃胶枪

6.1.6 使用频率较高的卷尺

卷尺主要分为纤维卷尺、皮尺、钢卷尺等。钢卷尺主要由外壳、尺条、制动、尺钩、提带、尺簧、防摔保护套、贴标等部分组成。其中，外壳多用 ABS 塑料制成，耐磨性、抗摔性较好，且不易变形；尺条选用一级带钢制成，表面刻度清晰；制动有上、侧、底三维制动，手动控制感强；尺钩为铆钉尺钩结构，测量精准；提带有橡胶、尼龙两种材质，手感好且结实耐用；尺簧多由碳钢制成，韧性较好；防摔保护套由优质塑料制成，能有效增强钢卷尺的耐用性；贴标则主要用于展示钢卷尺的相关产品信息。

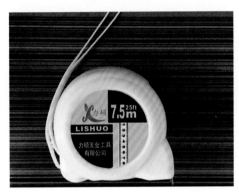

●名称：卷尺
●规格：有 5 m、7.5 m、10 m 等几种长度，使用频率较高的是标准为 5 mm 刻度，尺长为 7.5 m 的卷尺
●用途：测量家具板件或进行家具定位
●使用：可单人操作或双人共同操作，注意切勿用手触摸卷尺的尺条边缘部分

卷尺

6.1.7 耐用不变形的直角尺

直角尺又称角尺，是检验和画线工作中常用的专业量具，根据材质不同可分为铸铁直角尺、镁铝直角尺、花岗石直角尺等几种，其中镁铝直角尺质量比较轻，且耐用性比较好，也不容易变形。使用直角尺前，应检查各工作面和边缘是否有破损或弯曲现象，并注意保持直角尺工作面和被检工作面的洁净。

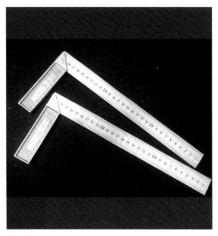

●名称：直角尺
● 规 格： 主 要 有 750 mm×40 mm、
1000 mm×50 mm、1200 mm×50 mm、
1500 mm×60 mm、2000 mm×80 mm、
2500 mm×80 mm、3000 mm×100 mm、
3500 mm×100 mm、4000 mm×100 mm
等几种
●用途：检测工件的垂直度及工件相对位置的
垂直度
●使用：直接将其放置在被检测构造边缘，观
察数据

直角尺

6.1.8　落锤无痕的橡胶锤

因其锤头为橡胶材质，故得名橡胶锤。多使用中强度橡胶锤对全屋定制产品中存
在的缝隙进行敲击，这类橡胶锤有微回弹力，敲击时家具表面不会形成损伤或凹凸。
使用橡胶锤前要注意检查锤头与锤柄之间的连接是否牢固，检查锤头表面是否有毛刺
或裂纹，一旦发现问题，应及时更换锤头。使用时应保证橡胶锤表面干净无异物，并
控制好锤击力度。

●名称：橡胶锤
●特点：携带方便，操作简单，价格实惠
●用途：用于敲击紧闭组装家具时的缝隙，
也可用于安装固定隔板托、收口板，修整
板面高差等
●使用：敲击存在缝隙的板件、构造

橡胶锤

6.1.9　螺丝刀与内六角扳手

1）螺丝刀

螺丝刀是利用轮轴来拧转螺钉的，轮轴直径越大越省力。根据头部结构的不同，有一字形、十字形、米字形、梅花形、六角形、方头形等多种。安装不同类型的螺钉时，只需将螺钉批头调换即可。

●名称：螺丝刀
●用途：拧转螺钉，调节抽屉拉篮的导轨、门板拉手、铰链等构件
●使用：手部紧握胶把手，并用力，按照正确的方向拧转即可

螺丝刀

2）内六角扳手

内六角扳手主要通过扭矩对螺钉施加作用力，从而降低使用者的用力强度。该工具质量较轻，使用简单，且制作成本较低，扳手两端均可使用，施力均匀，不会轻易损坏螺钉。

●名称：内六角扳手
●规格：外直径主要规格有1.5 mm、2 mm、2.5 mm、3 mm、4 mm、5 mm、6 mm、8mm、10mm、12mm、14mm、17 mm、19 mm、22 mm、27 mm 等多种
●用途：拧固特殊螺钉
●使用：圆头适用于快速拆卸，方头适用于拧紧加固

内六角扳手

6.2　全屋定制家具安装流程

全屋定制家具的安装流程如下：

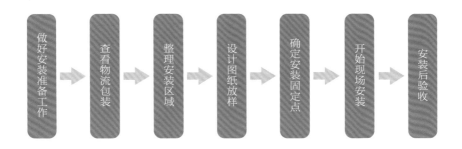

6.2.1　做好安装准备工作

在正式安装前，应做以下准备：

6.2.2　物流包装检查到位

正式安装之前，应当仔细检查家具外包装，确认包裹没有任何破损的地方，并根据订单仔细核对家具的零部件，确保没有遗漏。

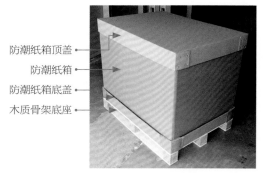

防潮纸箱顶盖
防潮纸箱
防潮纸箱底盖
木质骨架底座

（a）检查家具包裹外观　　　　　（b）核实材料清单

物流包装检查

检查配件是否齐全，柜体板件包数量应与包装明细的包数相符。检查玻璃是否有破碎，门板是否有刮花等。

6.2.3　确保操作区域清洁

为了避免墙面凸起部分影响家具柜体的稳定性，在正式安装家具前，需要将柜体安装部位的地面和墙面仔细清理一遍，且在安装现场规划出专供施工人员安装家具的工作区域，保持该区域的洁净。具体安装注意事项如下：

| ①熟悉设计图纸 | ②检查板件尺寸、色泽是否有问题 | ③将板件平铺在地面上 | ④处理柜体与基层交界处的缝隙 | ⑤选用合适的材料填充缝隙 | ⑥铺设地面保护膜 |

基层清理

清扫安装家具时可能会接触到的基层表面，卫生死角也要仔细清扫，保护墙面的完整性。

铺设地面保护膜

为了防止在安装家具的过程中磨损地面，可在地面铺设地面保护膜，可由内往外平整铺设。

6.2.4 根据图纸放样

施工人员在安装前，应充分了解柜体的设计图纸，图纸中会明确注明柜体的尺寸、安装位置等信息。施工人员在确保柜体尺寸没有任何错误后，即可开始在对应的位置画线。这些图样是家具安装的重要参考，画线的过程即实现放样的过程。

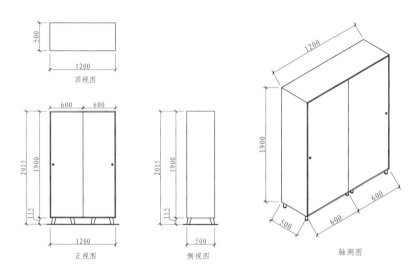

柜体设计图纸（单位：mm）

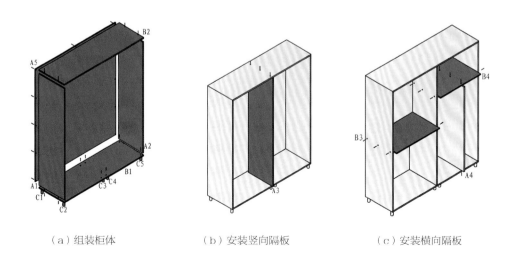

（a）组装柜体　　　　　　（b）安装竖向隔板　　　　　　（c）安装横向隔板

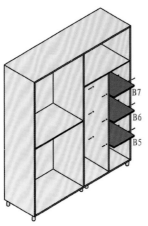
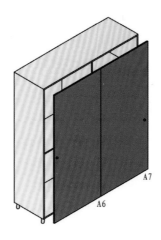

（d）安装其他隔板　　　　　（e）安装门板

柜体安装步骤示意图

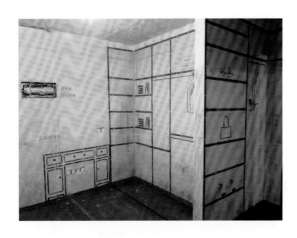

图纸放样
在墙面、地面画线后，应将其用有色胶带粘贴起来，待安装完毕后再将露在外部的胶带揭掉，被家具压在墙内侧的无须揭掉。

6.2.5　确定固定点安放底板

　　柜体有固定与可移动之分。根据设计要求，如果柜体固定在墙上且不可移动，则施工人员不仅要根据设计图纸画线，而且必须根据固定家具尺寸在墙面上做记号，以便确定固定点，并需对照图纸确定安装位置。收到包裹后，要根据功能区的不同，将板材分类摆放。

确定各柜体的固定点后，便可开始安放底板。注意安装柜体底板前要将地面基层清扫干净，应先将底板平稳地放置在地面上，再采用膨胀螺钉将其与地面固定在一起。

6.2.6　组装并固定框架

1）组装

具体流程及注意事项如下：

（1）组装柜体、抽屉等部件。组装前应检查各部件是否有缺失，应当根据设计结构图纸，按照指定顺序进行组装。

（2）安装柜体。安装时应再次测量并核实室内空间的尺寸，以确保柜体可以安装到位。如果出现地面高低不平、墙体有缝隙等问题，则应及时调整柜体尺寸，以确保柜体安装完成后依旧具有较强的稳定性。

2）固定框架

框架组装好之后还需用卷尺进行复核测量，以确定柜体框架可以正常使用。确定柜体层高、纵深、宽度等数据没有问题后便可按照设计图纸的要求，将框架固定在墙体上。注意背板安装应稳固，这关系到后期的使用效果。

柜体部件检查
每一块板料上都贴有安装位置示意图，采用3M胶粘贴，方便安装完毕后揭掉。

衣柜框架固定
框架固定完毕后，当柜体与墙体之间的缝隙小于5 mm时，可以采用聚氨酯发泡胶填充；缝隙大于5 mm时，可用薄胶合板或中密度板填塞。但是不能用木屑或纸箱板填塞，木屑压强过大会破坏家具板材，纸箱板容易受潮腐烂。

家具安装细节

家具安装时应仔细查看各部位封边是否处理到位，是否留有缝隙，确保柜体能够完美地与墙面贴合在一起。仔细观察天花角线接驳处是否顺畅，有无明显不对称和变形，表面是否端正、洁净、美观，与柜体的接缝处是否连接紧密，有无歪斜、错位等现象。

6.2.7 安装层板与顶板

1）层板安装

安装层板前，首先用铅笔在每块板的中心线处做好记号，然后钉钉子，层板应放置于预埋螺母的地方，再用螺丝刀将层板固定。注意安装层板时要确定好层板与背板、侧板之间的固定位置。且安置好的侧板不可有凸出现象，一旦发现侧板有凸出情况，则应当立即进行调整，以免影响使用效果。

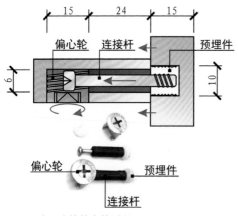

（a）三合一连接件安装原理

（b）层板安装

层板安装
横、纵向之间的层板可利用三合一连接件连接在一起，在安装前要预留出三合一连接件的安装孔洞。

2）顶板安装

顶板安装需使用辅助工具。由于顶板安装位置较高，因此在安装前应准备一件攀高用的梯子。注意安装时顶板与侧板、框架接缝处须紧密结合在一起，应将顶板平稳地放置在侧板上，再采用三合一连接件将其固定，且安装后顶板与侧板的贴合程度还需使用橡胶锤或其他工具进行调整。

6.2.8　安装门轨与抽屉滑轨

1）门轨安装

门轨安装需注意以下几点：

①保证上部轨道盒尺寸为：高 100 mm，宽 80 mm	②先固定上轨道，再对应上轨道位置，用激光水平仪找出下轨道的位置，并做好记号	③根据记号固定下轨道	④确保上、下两条轨道完全平行	⑤不需将轨道固定得特别紧，松紧度合适即可

2）抽屉滑轨安装

抽屉滑轨安装需注意以下几点：

①核实滑轨尺寸，确保其与抽屉尺寸相符	②先安装滑道中的外轨与中轨，再将内轨安装在抽屉侧板上	③进行抽拉试验

6.2.9　安装抽屉、衣通、柜门

1）抽屉安装

抽屉安装应先确定螺钉孔洞的位置，做好记号，再用螺钉将内轨固定在抽屉柜体上，并使用对应的螺丝刀拧紧螺钉。

2）衣通安装

安装衣通时应在从顶部搁板边缘向下移动 50 mm 处绘制横切线，并在侧板中央处绘制竖切线，横、竖切线的交叉点就是衣通上方第一个安装孔的准确位置。安装衣通时应在预留位置安装固定螺钉，并安装衣杆，注意衣通两边要平衡。

3）柜门安装

柜门安装要遵循"先松后紧"的原则。首先应根据设计图纸钻孔，上、下孔洞应保持在同一水平线上，然后检查铰链，确保其能正常使用，接着将铰链放置在设计好的位置上，并做好打螺钉位置记号，安装柜门一侧的铰链，最后将柜门安装至柜体上即可。

精确校正抽屉滑轨的水平度

衣通与顶部间隙净空应不小于 50 mm

铰链安装应当保持平直，不能完全寄希望于用螺钉调节偏移位置

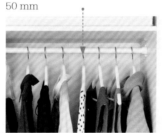

抽屉安装　　　　　　　　　衣通安装　　　　　　　　　柜门安装

6.2.10　安装拉手与移门

1）拉手安装

安装拉手时应先用卷尺测量安装孔距，再在柜体上确定拉手的安装位置，并做好记号。注意各个拉手应保持在同一水平线上，螺钉应紧固。

2）移门安装

安装移门时要贴合门导轨的位置，应先将门扇上部插入上滑轨中，再将下部插入下滑轨中，要保证移门安装完成后能够顺利拉动，且拉动过程中不会有停滞感。

拉手安装

拉手安装应保持水平对齐，除非柜门有特殊造型，螺孔与柜门边缘应当保持在 35 mm 距离。

移门安装

移门下滑轨为固定轨道，外凸结构很浅。或选择无下轨的五金件，避免使用时造成阻碍。

6.2.11　调整改良与验收

全屋定制家具安装完成后，还需进行整体的检查，检查事项主要有以下几项：

①检查连接处是否有缝隙	②检查柜体外表面是否有瑕疵	③检查柜体五金件是否有松动现象	④检查家具整体是否有倾斜现象	⑤检查家具表面是否有残余污渍	⑥检查家具各部件是否已安装完成

6.3 仔细清查构件

6.3.1 检查板材是否有破损

安装人员在提货前应仔细检查全屋定制产品外包装是否有破损，开箱后需检查内部板材是否有划伤或磕碰现象，板材色泽是否一致等。安装前应当在地面铺设地面保护膜，以免在安装过程中划伤板材。

6.3.2 检查五金配件的质量

五金配件与全屋定制产品的质量有着直接的关系，优质的五金配件不仅能够充分发挥全屋定制产品的价值，而且能有效增强其耐用性。

1）拉手

五金拉手使用全新的工艺制作而成，具备美观性、实用性，款式、色泽多种多样，比较有代表性的材质（色彩）是古铜、白古、古银、喷粉、银白、闪银、烤黑、镀金、镀铬、拉丝、珍珠镍、珍珠银等。通常可从拉手的包装、表面、色泽、质地等方面判断其质量。

拉手安装
打开拉手包装箱，将拉手排成一排，放置于有铺垫物的地面上，看拉手外表面形状是否正常，是否有划伤或磨损。

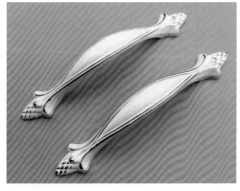

一套拉手对比
取出一套拉手，将其放置于光线充足的区域，并做比较，看其表面是否有瑕疵或色差。

判断拉手质量可从以下几方面着手：

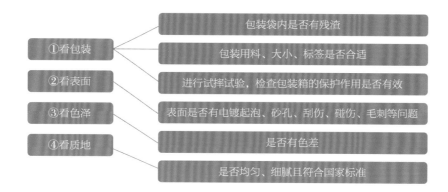

①看包装 — 包装袋内是否有残渣
包装用料、大小、标签是否合适
进行试摔试验，检查包装箱的保护作用是否有效

②看表面 — 表面是否有电镀起泡、砂孔、刮伤、碰伤、毛刺等问题

③看色泽 — 是否有色差

④看质地 — 是否均匀、细腻且符合国家标准

2）厨房五金配件

厨房五金配件主要包括铰链、滑轨、压力装置、地脚、拉篮、抽屉导轨、吊码、封条、吊柜挂件等。清查时首先看外观，其次检查配件质量，最后检查配件数量。

地脚
地脚能支撑柜体平衡，通常金属地脚的质量高于塑料地脚，且使用年限更长，并能有效防潮。

吊码
吊码安装在吊柜中，主要起调节高低的作用。优质吊码色泽闪亮，触感光滑，没有毛边。

拉篮
拉篮能合理利用空间，建议选用表面光滑、手感舒适、无毛刺、扣件齐全、主杆直径不小于8 mm 的拉篮。

6.4 成品五金件安装

五金件是连接全屋定制产品的主要构件，也是保证其能正常使用的前提条件。这里主要介绍成品五金件如门锁、铰链、挂件等的安装。

6.4.1 成品门锁安装

门锁安装的效果会直接影响门的使用，不同类型的门在门锁安装步骤上也有细微的不同，门锁安装完毕后还需做必要的检测试验。门锁安装的注意事项如下：

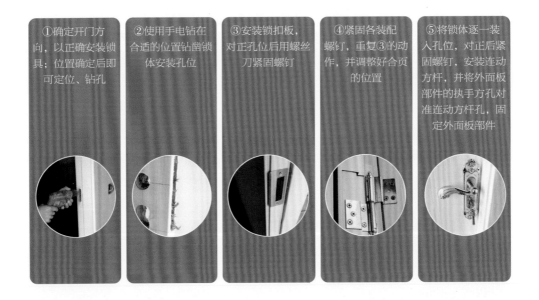

①确定开门方向，以正确安装锁具；位置确定后即可定位、钻孔

②使用手电钻在合适的位置钻凿锁体安装孔位

③安装锁扣板，对正孔位后用螺丝刀紧固螺钉

④紧固各装配螺钉，重复③的动作，并调整好合页的位置

⑤将锁体逐一装入孔位，对正后紧固螺钉，安装连动方杆，并将外面板部件的执手方孔对准连动方杆孔，固定外面板部件

门锁安装后的检查事项如下：

①转动外、内执手，观察能否将斜舌顺畅地收回、伸出

②转动后面板旋钮，观察方舌能否顺畅收回

③插入钥匙来回旋转，观察方舌能否顺畅伸出、收回

④反复进行开关，检查是否有阻塞、关不上等问题

6.4.2　柜门铰链安装

安装柜门铰链前要备好专用工具，如水平尺、卷尺、铅笔、开孔器、手电钻等，并需仔细检查这些工具能否正常使用。

柜门铰链可以在上、下、左、右、前、后六个方向调节，保证所有横向门扇能够在上下方向上保持对齐，左右间距也需适中且均匀，安装完成后还需进行调试。

测量铰链间距
正式固定前应当用直尺测量铰链的安装位置是否平直，如果孔洞位置不精准，可以用凿子拓宽孔洞。

铰链调试
在正式安装前，可以采用铰链测试器对铰链进行测试，选择符合推拉力度和使用环境要求的铰链。

铰链的具体安装步骤如下：

①用铅笔画线定位	②使用电钻钻孔，孔边距门板边缘 5 mm	③用手电钻在门板上钻 ϕ 35 mm 的铰杯安装孔，钻孔深度为 12 mm
④将铰链装入铰杯安装孔中，并用自攻螺钉固定	⑤打开铰链，套入侧板，用自攻螺钉固定底座	⑥做柜门开合试验，检验铰链安装效果

铰链安装注意事项

安装铰链前应确定好铰链的安装位置、安装数量，应根据门扇的厚重度来选择。安装时要防止坠扇，保证同一扇面的铰链的轴处于同一铅垂线上，并选用规格合适的铰链，用于固定铰链的螺钉要与铰链相适配。

6.4.3　常用挂件安装

挂件具有灵活、小巧、便于使用等特点，不仅可以很好地归纳生活用品，也是应用比较广泛的五金件。生活中应用较多的是太空铝挂件，这类挂件具有轻巧、永不锈蚀、不易留水印等特点。

挂件安装步骤具体如下：

①准备施工工具 → ②确定挂件位置，并做记号 → ③使用电锤钻孔 → ④在墙面钉入螺钉或膨胀螺栓 → ⑤使用螺钉固定承挂条

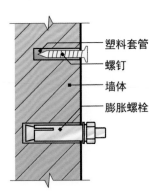

塑料套管
螺钉
墙体
膨胀螺栓

（a）螺钉与膨胀螺栓固定示意图

挂件安装钻孔是通过洞口内壁挤压产生阻力，从而使螺钉或膨胀螺栓紧固在墙体中。如果承受质量超过 20 kg，则应使用螺钉穿透家具板材；如果承受质量超过 40 kg，则应选用膨胀螺栓将其固定至墙体中。

挂件安装

（b）挂件安装完成

挂件品种很多，大多数挂件与全屋定制家具、构造并无关联。但是从全屋定制的功能与服务品质上把握全局，施工人员有义务为全屋安装相关的配套挂件。

小·贴·士

家具验收细节

验收家具时，首先应观察家具的纹理走向是否相近或一致，家具表面的覆膜是否均匀、坚硬饱满、平滑光润，色泽是否一致，是否有磕碰、划痕、气泡等缺陷。其次要关注家具转角部位是否垂直平整，注意家具的五金件是否有破损、生锈、刮伤、色差等缺陷，检查螺钉是否拧紧。

6.5 验收与交付使用

全屋定制家具在安装完成后要仔细验收，包括产品表面的完整度检查和结构的稳定性检查等。

6.5.1 板件色号检查

全屋定制家具的最大特点是私人订制，自由性比较强。为了保证室内环境的整体性，所选板材的色彩不宜过多，且单体纯色家具的不同板件的色彩应相同。拿到家具后，要仔细查看家具门板颜色是否与当初所选色号一致，材质是否与当初所选材质相同，表面是否有损伤，门板整体颜色是否一致等。

板材色板
可对照色板，检查全屋定制产品各板件色号是否一致，若有不同，应及时更换或调整。

6.5.2 外观检查

1）门板

应仔细检查门板封边的颜色是否与订购时相符，封边是否完整，注意门板安装高低值应一致，表面须平整，且无气泡。

2）橱柜台面

橱柜台面的质量关系着橱柜的使用寿命，台面不能有凹凸不平的现象，台面连接处采用云石胶黏结，遗留的胶痕不可过于明显，应采用 2000 号砂纸加水打磨。石材台面应无裂纹，收口应圆滑。水盆和灶台的相关尺寸也应合理。

门板封边检查

金属与木质板材之间应当采用螺钉与免钉胶配合连接，不能完全依赖胶水。

橱柜台面检查

台面接缝处采用砂纸打磨后无明显痕迹，台面边缘应当打磨为圆角，圆角半径约 2 mm。

6.5.3　牢固性检查

牢固性检查的要点主要有以下几点：

①检查固定的柜体与墙面、顶棚等交界处的交界线是否顺直、清晰、美观

②检查柜门与边框缝隙是否均匀一致

③检查拉手安装是否工整对称，抽屉抽拉时是否会左右晃动等

④检查铰链上安装的螺钉帽是否有倾斜现象

⑤检查板材之间的连接是否牢固，板材交界处的线条是否清晰、无弯曲

⑥摇晃柜体，查看其是否会严重晃动

6.6　书柜安装实例解析

本节列出书柜安装简图，讲解全屋定制家具的安装方法。

6.6.1　准备材料与工具

认清板材与各种配件，确认柜体各部件、配件是否缺失，若有缺失应立即补齐。确认齐全之后，再将柜体各部件整齐摆放在一起，可将其平铺在有铺垫物的地面上。

认清板材

偏心轮与偏心杆

门转轴

隔板销

6.6.2　抽屉组装

抽屉主要由面板、左帮板、右帮板、底板、尾板等板件组成，安装时注意对准孔位。

1）抽屉面板与左、右帮板安装

抽屉面板表面有两个孔位和一条线槽，抽屉左、右帮板的其中一端有一个孔位，另一端有两个孔位，板材下方还有一条线槽。通常需要利用偏心轮、偏心杆来连接抽屉面板与左、右帮板。偏心轮和偏心杆配套使用，偏心轮的缺口要对准偏心杆的头，旋转偏心轮便可卡紧偏心杆。

偏心轮对准偏心杆

旋转偏心轮

偏心杆固定完成

固定好偏心杆后，便可继续安装抽屉左帮板。应将侧边一孔位对准偏心杆插入，注意抽屉左帮板要与抽屉面板的线槽对齐，确定已对齐后，再将偏心轮缺口对准偏心杆塞入，并使用螺丝刀将抽屉左帮板与抽屉面板固定在一起。抽屉右帮板的安装方法与左帮板一致。

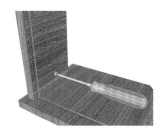

侧边孔位对准偏心杆　　　　　使用螺丝刀固定偏心轮　　　　　抽屉左、右帮板安装完成

2）抽屉底板安装

抽屉底板为薄板，安装时应将抽屉底板沿着抽屉左帮板、右帮板、抽屉面板之间的线槽缓慢插入，注意控制好安装力度。

3）抽屉尾板安装

抽屉尾板左右两边各有两个孔位，孔位下方为线槽，安装时应将抽屉尾板的孔位与抽屉左、右帮板的孔位对齐，对准线槽插入，然后使用 M4×40 mm 的自攻螺钉配合螺丝刀将抽屉尾板与其他板件固定在一起。剩余的抽屉同样采取该种安装方法。

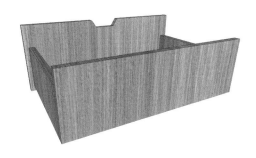

抽屉底板安装　　　　　　　　　抽屉尾板安装

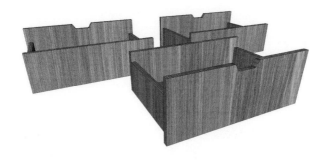

剩余抽屉安装完成

6.6.3 安装顶板、立板、上层板

书柜顶板正面均匀分布着四个孔位，两端各有两个孔位。立板 1 与立板 2 均是两端各有两个孔位，且立板 1 比立板 2 宽。上层板正面有六个孔位，两端各有两个孔位。

顶板、立板、上层板的安装要遵循一定的施工顺序，具体如下：

步骤①：将立板 1 的一端孔位与顶板正面的孔位对齐，使用 M4×40 mm 自攻螺钉将其固定住，并采用相同的方法将另一块立板 1 与顶板固定在一起。

步骤②：将上层板的孔位与步骤①中立板 1 的孔位对齐，使用 M4×40 mm 自攻螺钉将其固定住。

步骤③：将立板 2 一端的孔位与步骤②中上层板的孔位对齐，使用 M4×40 mm 自攻螺钉将其固定住。

步骤④：将另一块上层板的孔位与步骤③中立板 2 的另一端孔位对齐，使用 M4×40 mm 自攻螺钉将其固定住。

步骤⑤：将新的立板 1 一端孔位与步骤④中上层板的孔位对齐，使用 M4×40 mm 自攻螺钉将其固定住，并采用相同的方法安装另一块立板 1。

对齐立板 1 与顶板孔位

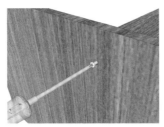
固定立板 1 与顶板

固定另一块立板 1 与顶板

对齐上层板与立板 1 孔位

上层板固定完成

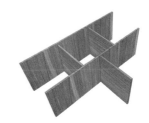
固定立板 2 与上层板

固定立板 2 与另一块上层板

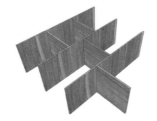
新的立板 1 安装完成

另一块立板 1 安装完成

6.6.4　安装上右立板、拉板、上左立板

上右立板正面有一些孔位，板材底部有两个孔位。拉板两端各有两个孔位，一侧不封边，一侧封边。上左立板正面有一些孔位，板材底部有两个孔位。

上右立板、拉板、上左立板的安装要遵循一定的施工顺序，具体如下：

步骤①：将上右立板的孔位与顶板、上层板的孔位对齐，注意板材顶端边缘的两个孔位与间隙应水平对齐，使用 M4×40 mm 自攻螺钉将其固定住。

步骤②：将拉板一端孔位与步骤①中上右立板的孔位对齐，不封边的一侧朝下安装，使用 M4×40 mm 自攻螺钉将拉板与上右立板固定在一起。

步骤③：将上左立板的孔位与顶板、上层板、拉板的孔位对齐，使用 M4×40 mm 自攻螺钉固定。

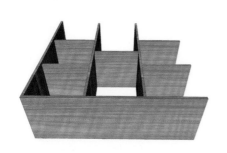

边缘孔位与间隙水平对齐

上右立板固定

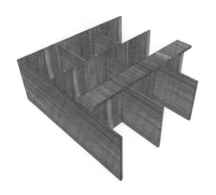

拉板固定

上左立板固定

6.6.5 安装下右立板、底板、下中右立板

下右立板正面有一些孔位，板材顶部有两个孔位，且下右立板比下左立板孔位少。底板正面有五个孔位，两端各有两个孔位。下中右立板上面有两个孔位，两端各有两个孔位，且下中右立板比下中左立板孔位少。

下右立板、底板、下中右立板的安装要遵循一定的施工顺序，具体如下：

步骤①：将新的拉板一端孔位与下右立板的孔位对齐，侧边封边朝下安装，使用 M4×40 mm 自攻螺钉将新拉板与下右立板固定在一起。

步骤②：将底板孔距较短的一端孔位与下右立板的孔位对齐，此处孔位与拉板在同一侧，使用 M4×40 mm 自攻螺钉将底板与下右立板固定在一起。

步骤③：将下中右立板一端的孔位与底板的孔位对齐，并使用 M4×40 mm 自攻螺钉固定。

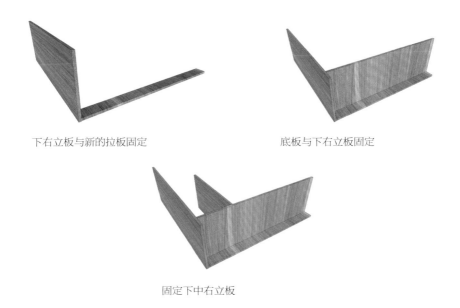

下右立板与新的拉板固定　　　　　　　　　　底板与下右立板固定

固定下中右立板

6.6.6　安装小层板、下中左立板、抽屉下层板

小层板两端各有两个孔位。下中左立板正面有一些孔位，其中板材边缘的三个孔位不通，两端各有两个孔位。抽屉下层板两端各有两个孔位。

小层板、下中左立板、抽屉下层板的安装要遵循一定的施工顺序，具体如下：

步骤①：将小层板一端孔位与下中右立板的孔位对齐，使用 M4×40 mm 自攻螺钉将其固定在一起。

步骤②：将下中左立板一端的孔位与底板、小层板的孔位对齐，下中左立板孔距较短一侧的孔位与拉板在同一侧，不通的孔位朝左，并使用 M4×40 mm 自攻螺钉固定。

步骤③：将抽屉下层板孔距较长的一侧朝下，使这一端孔位与下中左立板的孔位对齐，并使用 M4×40 mm 自攻螺钉固定，采用相同的方法安装另一块抽屉下层板。

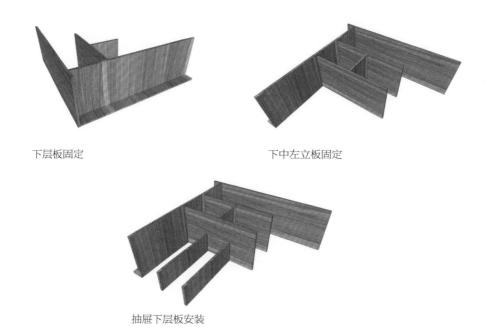

下层板固定　　　　　　　　　　　　　下中左立板固定

抽屉下层板安装

6.6.7　安装下左立板、下层板、立板 3

下左立板正面有一些孔位，其中板材边缘的三个孔位不通，板材顶部有两个孔位，且下左立板比下右立板孔位多。下层板正面有一些孔位，上、下的大孔不通，两端各有两个孔位。立板 3 底部、顶部各有两个孔位。

下左立板、下层板、立板 3 的安装要遵循一定的施工顺序，具体如下：

步骤①：将下左立板的孔位与拉板、底板、抽屉下层板的孔位对齐，并使用 M4×40 mm 自攻螺钉固定。

步骤②：将门挡片的孔位与下层板的孔位对齐，使用自攻螺钉固定，然后将门挡片朝下，使下层板孔位与下左立板、下中左立板、下中右立板、下右立板的孔位对齐，并使用 M4×40 mm 自攻螺钉固定下层板。

步骤③：将偏心杆固定在下层板上，将立板 3 底部孔位对准偏心杆插入，并使用偏心轮固定。

下左立板固定

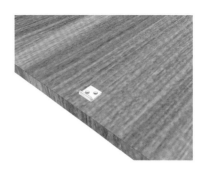

门挡片孔位与下层板对齐

下层板孔位对齐

立板 3 底部孔位对准偏心杆

6.6.8　安装中层板

中层板正面有一些孔位，侧边边缘的四个大孔位不通。中层板的安装要遵循一定的施工顺序，具体如下：

步骤①：将中层板的孔位与下左立板、下右立板、立板 3 的孔位对齐，并使用 M4×40 mm 自攻螺钉固定。

步骤②：将偏心杆固定在中层板上，然后将上左立板、上右立板底部的孔位对准偏心杆插入，立板 1 的孔位与中层板的孔位应对齐，并分别使用偏心轮和 M4×40 mm 自攻螺钉固定。

中层板孔位对齐

孔位对准偏心杆

使用偏心轮固定

使用自攻螺钉固定

6.6.9　安装柜门与背板

1）柜门安装

　　柜门的边缘上方和顶部各有一个孔位，安装时首先将隔板销塞入柜门顶部孔位中，然后将门转轴塞入底板边缘孔位中，柜门隔板销应对准下层板的孔位插入，柜门边缘上方孔位与门转轴的孔位应对齐，并使用自攻螺钉固定。

2）背板安装

　　右背板比左背板宽，背板为薄板，且无孔位。安装时应先将右背板靠边放置在下右立板、下中右立板、下层板、底板上，使用锤子钉入直钉将其固定住，并采用相同的方法安装左背板。

塞入隔板销

孔位对准偏心杆

隔板销对准下层板的孔位

固定门转轴与柜门

柜门安装完成

右背板对齐

左、右背板固定

6.6.10　置入抽屉

　　将抽屉放入已安装好的书柜中，并将隔板销塞入下左立板、下中左立板的孔位中，至此书柜安装完成。

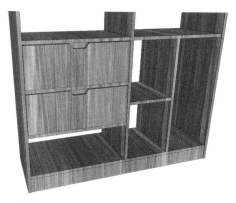
置入抽屉

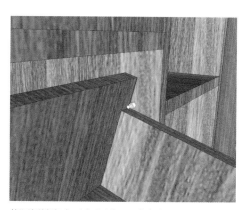
将隔板销塞入下左立板、下中左立板的孔位中

书柜安装完成
书柜安装完成之后可摇晃柜体，检查柜体安装的牢固性。可依据个人喜好放置质量合适的摆件或书籍。

家具包装注意事项

为了保证家具安全运输，降低运输成本，包装后所占空间应当最小，这是家具物流的重要指标。家具包装应考虑家具的钉量，单件包装不能超过50 kg。由于各个家具类型和形状并不相同，因而包装只要安全环保即可。

对于玻璃和易碎的家具部件，除了纸箱包装外，还应该在纸箱外面加装木质框架或板材包装箱，以确保玻璃和易碎部件不会破碎。对于有饰面板的家具，尺寸相同的板件应尽量放在一个包装内，并用厚软片垫层做整体包装。

6.6.11 磕碰处理要点

家具在安装的过程中如果出现破损或伤痕，应及时修补。家具安装完成后，若有部分螺钉裸露在外，影响整个家具的美观性，则可使用装饰帽对钉眼进行装饰。家具表面如果出现烫痕，则可以用碘酒轻轻地涂抹烫痕，或在烫痕上涂一些凡士林，2 ~ 3天后，再用柔软的布反复擦拭几次，烫痕便会慢慢淡化。

6.7 衣柜安装实例解析

本节将以衣柜为例讲解全屋定制家具的安装方法。

6.7.1 准备材料与工具

正式安装衣柜前应当做好安装区域地面的清洁，准备好安装工具、安装图纸、五金配件等，并仔细清点板件数量。可将安装所需要的工具、配件等逐一摆放在地面上，检查是否有遗漏。

6.7.2 螺钉安装

安装螺钉前要核对螺钉的安装位置与设计图纸上所标明的位置是否一致，应先在板件上做好记号，并预留钉孔。将所有板件上的孔洞打上螺钉后，还需将主体板材按照家具展开的造型，将带编号的板件平铺在安装区域，等待后续安装。

螺钉预埋　　　　　　　　　安装偏心件　　　　　　　　　用螺丝刀拧紧螺钉

螺钉安装

6.7.3 层板安装

衣柜层板的具体安装步骤如下：

①清洁安装区域的地面	②将不用的锤子、钉子等工具、配件放在一旁	③预埋螺钉，对齐层板孔位
④使用螺丝刀拧紧螺钉，侧板与层板应垂直	⑤用相同方法安装其他层板	⑥用相同方法安装其他侧板
⑦检查安装牢固性		

（a）预埋螺钉　　　　　　　（b）拧紧螺钉　　　　　　　（c）检查

层板安装

6.7.4　背板安装

　　背板能够固定衣柜框架。主要有插接、钉接两种安装方式。安装背板前应准备一支铅笔、一把锤子、一把卷尺，以便于测量、做记号。安装时需要按照顺序从左到右依次安装。注意若采用钉接方式安装背板，则一定要控制好打钉力度，打钉时要按照标记位置以从上至下、从左至右的顺序来进行，或者采用射钉枪施工，该施工方式虽然能获得较高的效率，但是容易打偏，后期使用时可能会出现钉子刮伤柜内衣物的情况，故一般不采用。背板安装的具体形式介绍如下：

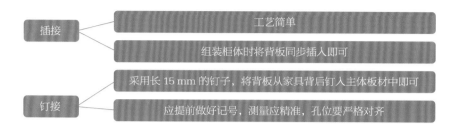

插接	工艺简单
	组装柜体时将背板同步插入即可
钉接	采用长 15 mm 的钉子，将背板从家具背后钉入主体板材中即可
	应提前做好记号，测量应精准，孔位要严格对齐

背板安装准备　　　　　　标记号　　　　　　　　打钉子
背板安装

6.7.5　衣通安装

衣通主要用于悬挂衣架。根据制作材料的不同，可将衣通分为不锈钢衣通、塑料衣通、实木衣通、铝合金衣通、钛合金衣通、太空铝衣通等几种；根据外部形态的不同，又可将其分为圆形衣通、椭圆形衣通、方形衣通等几种。

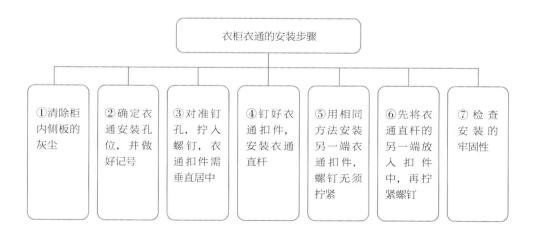

衣柜衣通的安装步骤

①清除柜内侧板的灰尘

②确定衣通安装孔位，并做好记号

③对准钉孔，拧入螺钉，衣通扣件需垂直居中

④钉好衣通扣件，安装衣通直杆

⑤用相同方法安装另一端衣通扣件，螺钉无须拧紧

⑥先将衣通直杆的另一端放入扣件中，再拧紧螺钉

⑦检查安装的牢固性

（a）拧紧螺钉

（b）安装衣通两端

（c）安装完成

衣通安装

安装衣通讲究"横平竖直"，即衣通直杆保持横平的状态，衣通扣件保持竖直的状态，这样安装的衣通才能稳固，承重性能才会更好。

6.7.6　柜体安装完成

柜体安装完成后，可左右摇晃衣柜，检查衣柜是否会变形，连接处是否都已连接完整等，注意重点检查是否存在未紧固的螺钉。

柜体表面检查
观察柜体表面是否有明显伤痕。由于柜体外表面为饰面板，板材一旦有伤痕，则会影响衣柜的寿命与整体美观性。

触摸柜体
用手触摸柜体板件的垂直连接处，细心感受两块板件连接处是否存在空隙或错位的情况，如有以上情况，应及时修整。

6.7.7　增加垫片

垫片可以增强衣柜的稳定性，主要用于解决衣柜与地面之间的高差问题。通常柜体安装时应向墙倾斜，这样能够获取更多的支撑力，衣柜也能更稳定，然后将垫片安装于柜体底部。

工具准备
在正式施工前应准备好剪刀、锤子、垫片，注意垫片的规格要与板材相符。

垫片裁剪
将垫片从中间剪开，垫片一边为凸起，一边为平面，多余部分留作备用。

垫片安装
将垫片薄的一端插入衣柜底部，用锤子将其轻轻敲进即可，注意凸起的部分应刚好卡住衣柜底端。

垫片安装步骤

6.7.8　铰链安装

铰链是连接衣柜框架与门板的重要连接件。安装柜门铰链前要先确定安装的最小边距。安装铰链时则要先确定柜门铰链的类型，通常铰链类型有半盖、全盖、内掩等几种。

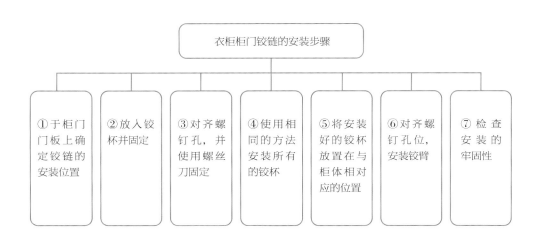

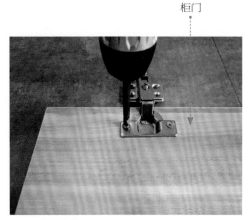

柜门

柜门　柜门固定　柜体固定　　柜门上下　　柜门前后
　　　螺钉　　螺钉　　　　调节螺钉　　调节螺钉
　　　　　　　　　柜体左右　　　　　　　　柜体
　　　　　　　　　调节螺钉

（a）铰杯安装　　　　　　　　　（b）安装铰臂

衣柜柜门铰链安装

6.7.9　拉手安装

衣柜上的铰链安装完毕后，需检查铰链能否正常使用，使用无异常后，才可安装拉手。拉手安装比较简单，安装时需确定好钉孔的位置，要保证单个拉手上、下两端在纵向上处于同一垂直线，且紧固螺钉时要把控好力度，不可用力太过，以免板材出现崩裂等情况。

固定拉手
将柜门打开，一边固定拉手，一边手持电动螺丝刀。螺钉需分两次紧固，第一次旋进 1/3，确定拉手孔位对准后再将螺钉二次紧固。

安装拉手后检查
所有安装完毕的拉手应处于同一水平线，且两两对应的拉手之间的距离与高度也应当保持一致。

6.7.10　安装后检查

衣柜安装完成后还需再次检查所有的构件是否已经完全紧固，衣柜柜门开、关是否费力，是否有杂音等。一旦发现问题，应当及时调整，以保证衣柜能够正常使用。

衣柜安装后检查重点如下：

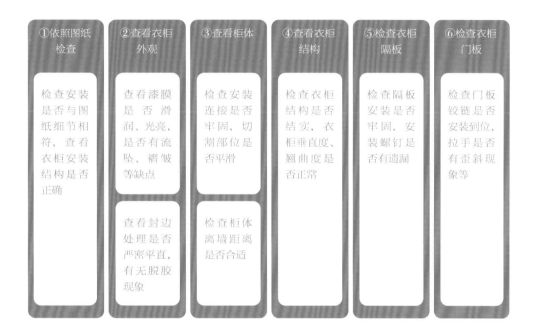

①依照图纸检查

检查安装是否与图纸细节相符，查看衣柜安装结构是否正确

②查看衣柜外观

查看漆膜是否滑润、光亮，是否有流坠、褶皱等缺点

查看封边处理是否严密平直，有无脱胶现象

③查看柜体

检查安装连接是否牢固，切割部位是否平滑

检查柜体离墙距离是否合适

④查看衣柜结构

检查衣柜结构是否结实，衣柜垂直度、翘曲度是否正常

⑤检查衣柜隔板

检查隔板安装是否牢固，安装螺钉是否有遗漏

⑥检查衣柜门板

检查门板铰链是否安装到位，拉手是否有歪斜现象等

第 7 章

全屋定制保养与维修

储存能力合适的衣柜

重点概念：台面保养、构造保养、五金件保养、维修改造

章节导读：保养与维修的目的是延长全屋定制家具的使用寿命。全屋定制的台面、柜体、五金件等使用频繁，受损伤的概率很大，在日常使用过程中，一定要定期保养，一旦发现问题，必须立即维修，以免影响后期使用。质量较大的柜体，如果维修不及时，情况严重的还会危害使用者的人身安全。

7.1 台面保养技巧

台面是与水渍、油渍、污渍等接触最多的界面，日常使用时一定要做好基础维护与保养工作。

7.1.1 避免接触高温物体

过高的温度会对台面表面产生一定伤害，台面会因为局部受热过度而出现膨胀不均、变形等状况。无论是哪种材质的台面，都不可直接或长时间搁放过热的物体，应当在物体底部放置隔热垫或选用其他隔热措施。

木质隔热垫

毛织隔热垫

7.1.2 避免被利器划伤

在日常使用过程中，应当尽量避免尖锐的物品如刀具等触碰台面，以免产生划痕，影响台面的使用与美观效果。

（a）PVC 保护垫

（b）PVC 保护垫应用

桌面铺设 PVC 保护垫

台面应保持干燥、整洁，以避免滋生细菌。可选用厚2 ~ 3 mm 的透明 PVC 垫，这种保护垫能防止台面被划伤，可根据台面大小裁切。

7.1.3　台面划伤要及时处理

台面不慎被刀具划伤后，应及时用 400 ~ 600 号砂纸对其表面进行磨光处理，再配合使用清洁剂与百洁布，使台面表面恢复原状。由于不同原因使台面有较多划痕，影响台面美观性的，还可采用液态抛光蜡辅助百洁布处理，这种方式不仅能使台面达到焕然一新的视觉效果，还能有效延长台面的使用寿命。

砂纸磨光
砂纸局部打磨力度不要太大，否则会在台面上磨出凹陷，容易藏污纳垢。

台面抛光
打磨后要立即打蜡，用蜡来填补打磨产生的粗糙面。

7.1.4　避免化学品侵蚀台面

台面在使用过程中应尽量避免与烈性化学品，如去油漆剂、金属清洗剂、炉灶清洗剂等制剂接触，若不慎接触，则需要立即用大量肥皂水冲洗表面，以免贻误时机。日常使用中还需避免用含有化学物质的洗涤用品擦拭台面，长时间的腐蚀会缩短台面的使用年限。注意实木台面被侵蚀时应先用碱性清洗剂冲洗表面，再用清水冲洗，并用软质抹布擦拭干净。

用肥皂水清洗
清洗台面的肥皂可选用香皂或普通肥皂，应当用大孔隙泡沫海绵配合擦拭台面。

用白醋或苏打粉清洗
日常使用时，可以采用白醋或苏打粉清洗台面，能有效去除强酸或强碱性污垢。

实木家具被侵蚀
如果实木家具表面已经出现破损或侵蚀痕迹，则可选用同色系油漆进行补漆处理。

7.1.5　梳妆台面清洁保养

1）日常使用保养

日常使用过程中，应避免饮料、化学物品、过热的液体等直接接触梳妆台面。每周应用干净抹布蘸酒精（酒精不会腐蚀梳妆台面的油漆或饰面层）全面擦拭一遍台面，这是为了快速清除梳妆台面上残留的化妆品。如果梳妆台面是烤漆饰面，还可以在台面上铺设一张 PVC 桌垫，能有效保护台面。

2）表面污渍清洁

不同情况下的清洁方式如下：

①较干净	用干的软毛巾擦拭灰尘即可
②灰尘很难擦拭	用抹布蘸上清洁剂或中性肥皂加水稀释剂来擦拭灰尘
③有顽固性污渍	用牙膏或浓度稀释至 20% 的清洁液进行清洁
④喷漆台面有灰尘	用纱布包裹略湿的茶叶渣擦拭表面，或用干布蘸上适量的冷茶水清洗表面，清洗后一定要用清水再次擦拭

梳妆台面表面污渍清洁

用酒精喷洗台面
梳妆台面多为人造板材质地，贴饰面或刷漆的表面清理起来比较方便，可以采用 75% 的酒精喷洒后，再用干软棉布擦拭污垢。

用不干胶去除剂清洗台面
特别难清除的污垢多为含有胶质成分的残留化妆品，可以选择喷涂少量不干胶去除剂来清洁梳妆台表面，这种方法的清除效果较好。

7.1.6　全屋定制橱柜台面清洁

1）不同材质橱柜台面清洁方法

不同材质的橱柜台面，清洁方法也有所不同。

不同橱柜台面的清洁方法

橱柜台面	图例	清洁方法
天然石台面		使用软百洁布擦拭，不可使用甲苯类清洁剂或酸性较强的清洁剂，这会损伤台面的釉面层，从而导致台面光泽变得暗淡
人造石台面		使用软毛巾或软百洁布清洁，蘸取适量水或光亮剂擦拭台面即可，不能使用硬质钢丝球。日常使用后要及时擦拭，避免污渍残留。当台面出现裂缝时要及时修补，并定期进行抛光、打蜡处理
防火板台面		蘸取适量清水和清洗剂混合溶液，先用尼龙刷擦拭，再用湿热抹布擦拭，可多擦拭几次，待防火板台面洁净后，再用干抹布擦干
原木台面		先用鸡毛掸子掸除台面灰尘，再用干毛巾蘸取适量的原木保养专用乳液擦拭表面。注意不可使用湿抹布和油类清洁剂擦拭，这会导致台面潮湿度过大，从而出现起鼓现象
不锈钢台面		使用软毛巾或软百洁布清洁，可蘸取适量水或光亮剂，不应当使用硬质钢丝球擦拭台面。要避免碱性物质接触不锈钢台面，应当使用中性清洁剂。若想让台面光洁度呈现出镜面效果，则可先用800～1200号砂纸磨光，然后使用抛光蜡和羊毛抛光圈抛光，再用干净的棉布清洁台面，注意细小伤痕可用干抹布蘸食用油轻轻擦拭掉

注：橱柜台面表面有油污残留时，可先在油垢表面喷上适量的油污专用清洁剂，再在其表面加铺一层保鲜膜，使用吹风机对其加热2分钟，注意吹风机与保鲜膜的距离应保持在100 mm左右，最后使用蘸有清洁剂的抹布擦拭台面即可。

2）橱柜台面保养要点

橱柜台面的具体保养要点如下：

①不可直接在台面上进行切菜工作，应借助砧板辅助操作	②台面上有污渍时应及时擦拭干净	③避免猛烈撞击洗菜盆或煤气灶等台面处
④台面相接处不可被水分长期浸泡	⑤污水较多时应立即擦拭干净，或之后使用热毛巾擦拭	⑥注意清洁灶台与台面连接处

（a）台面灰尘

（b）托盘海绵清洁刷

橱柜台面清洁

台面灰尘可用布料较软的抹布擦拭。清洁台面时可先将清洁剂挤到海绵刷的摩擦面，既能清除台面污渍，又能处理台面划伤，但这种方法不适用于金属和不锈钢材质的台面。

小·贴士

家具保养维护细节

①不要将家具放在阳光下曝晒，也不要放置于过于潮湿的地方，不要使用碱水或开水洗刷家具，不要在桌面上放置高浓度的酒精、香蕉水和刚煮沸的开水等，不要使用水冲洗或用湿抹布擦拭胶合板制作的家具，以免夹板散胶或脱胶。

②要根据家具材质的不同选用合适的清洁方式。例如，不建议用潮湿的抹布擦拭红木家具，湿抹布中的水分会和红木家具表面的灰尘结合成颗粒，从而磨损红木家具表面。

③要选择合适的时间保养家具，例如红木家具在春季可选用蜂蜡上蜡，在夏季则需注重防潮处理等。

7.2 构造保养技巧

在使用柜类家具时，推拉柜门、抽屉的动作都要轻柔。由于构造材质具有多样化特征，不同的材质又具有不同的使用特性，因而保养方法也会有所不同。

7.2.1 不同材质构造清洁方法

1）木质构造表面清洁

木质构造表面应使用软棉布清洁，先用温水浸泡棉布，将水分不完全拧出，然后擦拭木质构造。如果需要彻底的清洗，则可选择中性清洁剂混合在温水中，轻擦木质构造的表面，清洗之后再使用干燥软棉布迅速擦干木质构造表面的水分即可。

2）玻璃构造表面清洁

玻璃构造给人透明、洁净之感，这种构造具有较好的透光性、防潮性、防火性与环保性，且不会散发异味，也不存在变形的问题。使用清水清洁后要及时擦干，不可用钢丝球来擦洗玻璃构造表面。

3）金属构造表面清洁

金属构造表面清洁应注重腐蚀问题，日常使用应避免金属构造表面被划伤，禁用硬质物体碰撞、摩擦金属门板表面，并禁止使用香蕉水、环酮等化学剂作为清洁剂，以免损伤金属板面。

木质构造表面清洁
木质构造表面可使用软布顺着木质构造纹理去尘，去尘前应在软布上蘸一点儿清洁剂，注意不可使用干抹布擦拭木质构造表面。

玻璃构造表面清洁
玻璃构造美观性比较强，应选用软质工具来擦拭玻璃构造表面，日常清洁时可用蘸有适量白醋的抹布来擦拭。

金属构造表面清洁
柜门中的金属构件，如暗装拉手，应时常保持清洁；金属构造表面应当使用清水配以半干抹布擦拭。

橱柜门板的清洁要点

①橱柜门板应当使用清洁液与肥皂液的混合液进行具体的清洁工作，当有胶质的东西粘在橱柜门板上时，可先使用不干胶清除剂将胶质物轻轻擦拭掉，再使用软百洁布擦拭一遍。

②日常使用时要避免浓酸、浓碱等腐蚀性较强的溶剂接触橱柜门板，若不慎接触，应立即使用中性清洁剂或肥皂液清洗门板表面。

7.2.2 构造保养方法

下面以移门为例，介绍具体的保养方法。

①应按时清洁移门表面，通常应半年做一次彻底清洁	②长期开合柜门，收边条会有脱胶现象，应当定期检查，并使用免钉胶黏合收边条	③每周应用软布蘸清水或中性洗涤剂清洁移门表面
④移门饰面上有严重污渍时，应选用专业清洁剂擦拭	⑤不可使用砂纸、钢丝刷或其他摩擦物清洁移门	⑥移门密封条发生脱落时要及时修补，可以用同色玻璃胶或502胶水粘贴
⑦应间隔半年滴适量的润滑油到移门滑轮上，以保持轨道顺滑	⑧玻璃移门要注重玻璃表面保护，不可使用锐器敲打，注意做好日常清洁	⑨木质移门要注重防潮，使用时要保持木质移门的干燥性

（a）除湿干燥剂
使用衣柜时需注意定期打
开门扇通风，可在衣柜角
落处放置小包干燥剂。

（b）用免钉胶黏合收边条
柜门底部的收边条可采用免钉胶修
补粘贴，修补前应清除残胶。

衣柜保养

小贴士

橱柜门板保养

①要保持厨房内部空间的湿度平衡，以免空气过于干燥，导致橱柜门板出现开裂。日常使用橱柜时，要避免台面上的水滴落到门板上，门板长时间被水浸泡，将会出现变形、开裂等状况。

②应定期检查橱柜门板合页、拉手等能否正常使用。开合门板时，合页、拉手是否会出现松动或有异响，当发现问题时，应当立即进行调整或维修。

③不可使用硬质清洁工具擦拭橱柜门板，会划伤门板，导致门板美观性降低，使用寿命也会有所缩短。清洁实木贴皮橱柜的柜门时，不可使用湿布直接擦拭，当门板表面有水渍时，应当立即擦除。

7.3 五金件保养要点

随着现代生活品质不断提升，五金配件逐渐成为衡量全屋定制家具品质的非常关键的因素。因而在日常使用中，需对拉手、抽屉导轨、铰链等五金件及时保养。

7.3.1 拉手保养要点

拉手的保养要点如下：

①每周应清洁 1～2 次

②清洁普通拉手只需用干抹布擦干净即可

③镀铬拉手不可放置于潮湿、阴凉处，会使拉手生锈或保护层脱落

④清洁不锈钢拉手时不可使用酸碱类有腐蚀性的清洁剂

⑤拉手生锈时，不可使用磨砂纸打磨，应先用棉丝或毛刷蘸机油涂在生锈处，再反复擦拭

⑥当镀铬拉手的镀铬膜出现黄色斑点时，可用中性机油擦拭

（a）不锈钢拉手
不锈钢拉手具有极强的耐污、耐酸、耐腐蚀、耐磨损等性能，无放射性，如果出现轻微划痕，用水磨砂纸蘸牙膏擦拭便可清除。

（b）更换拉手螺钉
当发现拉手松动时，可用螺丝刀对柜门内侧的螺钉加以紧固或更换螺钉。

拉手保养

7.3.2　抽屉导轨保养要点

使用抽屉时不可大力抽拉，否则会导致滑轨脱出。注意避免外力撞击抽屉。要定期清洁抽屉滑轨，并定期在滑轨表面涂抹润滑剂，以保证能顺畅地抽拉抽屉。

日常使用时可定期检查抽屉导轨上有无细小的颗粒、灰尘等，如有则需及时清理，以免在推拉抽屉时损坏滑轨。清洁抽屉导轨时应用干的软布轻轻擦拭，不可用强酸或强碱性清洁剂清洗。若发现抽屉导轨表面残存有难去除的黑点，则可使用煤油擦拭掉。

（a）抽屉导轨
抽屉导轨内含有固态润滑油，在安装时不能处于有灰尘的环境中，否则容易沾染灰尘，导致滑轨阻塞。

（b）抽拉测试保养
抽屉导轨使用时间过长，难免会发出响声，为了保证滑轮活动持久顺畅、无噪声，可每隔2～3个月定期加润滑油保养。在使用抽屉时，切忌生拉硬拽，或强行推拉抽屉。

抽屉导轨保养

7.3.3　铰链保养要点

铰链在日常使用时要做好基本的清洁工作。应避免接触含强酸、强碱的液体等。要定期在铰链表面涂抹润滑剂，并定期检查铰链能否正常使用。

铰链构件较小，且位于柜内，因而被忽视的可能性比较大。在使用过程中，发现柜门松动或门未对准时，应当立即使用工具拧紧螺钉或调整铰链。开启柜门时也应避免过度用力，否则可能会导致铰链的电镀层受到猛烈冲击，出现损坏现象。

此外，铰链应处于干燥的使用环境中，避免处于潮湿的环境中。空气湿度过大，会导致铰链出现锈蚀现象，影响柜门的正常使用。

（a）锈蚀的铰链
应避免铰链与盐、糖、酱油、醋等调味品直接接触，否则会导致铰链生锈。如不慎接触，应立即用干布擦拭干净。

（b）待更换的铰链
更换铰链前要将新的铰链完全展开，释放弹性压力，松解螺钉。

铰链保养

7.4　维修改造方法

7.4.1　柜体受潮处理

当发现柜体受潮时，应第一时间确定受潮原因，同时打开柜门，取出柜内物品，进行通风操作。

不同功能的柜体，受潮原因会有所不同。例如，衣柜靠墙设置，受潮原因可能是背面墙体出现受潮现象，此时需对墙体进行防水处理，并在允许的情况下转移衣柜位置。如果橱柜内部设置有管道，可能是管道出现漏水现象，或厨房通风条件不佳，导致厨房潮气过重，从而引起柜体受潮，此时需更换管道，同时打开柜门，使柜内环境恢复至干燥状态。

用湿布擦拭柜体后也会产生潮气。楼层较低的住宅，空气湿度相较其他楼层更大，加上清洁时渗入柜体内的湿气，柜体极有可能会在梅雨季节出现发霉的状况。

为了保证柜体的正常使用，应定期对柜体打蜡，不仅能有效锁住实木柜体的水分，而且能使柜体表面更具光泽，打蜡后的柜体表面也不易吸尘，便于日后清扫。注意打蜡时不要选用含有硅树脂的上光剂，因为它不仅会软化、破坏涂层，还会堵塞木材毛孔，给柜体的修理造成困难。每季度只需打一次蜡即可，过度打蜡也会损伤柜体饰面层。

不同色泽的蜡条

当贴面家具与实木家具表面有刮痕时，可选用蜡条对其进行修补。蜡条的颜色比较丰富，可以根据柜体的色泽选择合适的蜡条。在刮痕处涂蜡会帮助柜体免遭各种损害，并隔绝一定的水汽，且有效隐藏刮痕。涂抹时要确保蜡已经覆盖了刮痕，没有涂在裸木上。

衣柜正确使用很重要

要避免衣柜过量存储，避免在衣柜上方堆放重物，否则极有可能会出现柜门关不严、板材变形等状况。衣物虽然多，但合理的分配和储存能帮助定制衣柜减轻承载力。衣柜柜体都有一定的承重限度，超负荷使用将大大缩短衣柜的使用寿命。

7.4.2　柜内铰链加固

柜门使用时间过长，螺钉与板材之间便会产生较大间隙，从而导致铰链松动。可根据需要更换铰链或对原铰链进行加固，更换铰链与加固铰链方法基本相同。铰链的具体加固方法如下：

①备好若干根牙签	②观察铰链的松动部位	③拆卸松动的铰链
④在螺钉孔隙内塞入折断的牙签	⑤用锤子辅助钉入牙签	⑥用螺钉将铰链重新固定到柜门上
⑦转平铰链，使其与柜子垂直	⑧用单颗螺钉将门板上全部的铰链锁紧固定	⑨固定好门板，再将剩下的螺钉固定到门板上

安装前检查铰链
安装前要检查新铰链能否正常使用，开、合是否有障碍，所配备的螺钉是否与铰链的孔位相配，螺钉旋入是否有障碍等。

使用牙签填充螺钉孔
拆卸铰链后在松动的空隙中插入牙签，再重新安装即可。

更换柜门铰链

当铰链松动过于严重且无法通过加固重新使用时，建议更换铰链，新的柜门铰链要与原铰链的规格相符。应从下往上拆卸铰链。安装新铰链的方式比较简单，沿着原铰链的安装孔位固定即可。

7.4.3　抽屉脱落维修

抽屉门板由内、外两层板材构成。内层板是抽屉盒状造型的组成部分，该构造十分结实牢固；外层板则为抽屉的装饰板，通常多用螺钉或气排钉反向固定，连接内、外板材。抽屉脱落时的维修方法如下：

①抽拉抽屉，检查脱落原因	②观察抽屉的脱落部位	③拆卸有问题的外层板
④重新粘贴外层板	⑤观察外层板闭合后的缝隙是否整齐	⑥做开合试验，查看外层板是否脱落
⑦采用 M4×25 mm 螺钉由内向外固定外层板	⑧确定螺钉已拧紧	⑨再次进行抽屉开合试验

（a）检查抽屉外部
用力不当、脚踢或拖拽撞击等都会导致外层板脱落。

（b）检查抽屉内部
观察抽屉内侧的内、外两层板材间是否有问题。

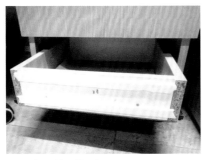

（c）拆开抽屉外层板

拆开抽屉外层板，拔除气排钉，粘贴泡沫双面胶。

（d）重新粘贴

将外层板粘贴至内层板表面，并闭合抽屉。

（e）紧固螺钉

采用 2 ~ 4 枚 M4×25 mm 螺钉从内层板向外固定外层板。

抽屉脱落维修

（f）全面检查

安装完成，检查抽屉横、纵方向的垂直度是否正确。

7.4.4　表面刮伤修复

定制家具使用时间过长，不可避免地会出现一些刮伤和划痕，应及时进行修补。

边角破损处理

衣柜边角很容易遭受碰撞，当边角出现破损时，可采用与门板颜色相近的木粉，添加胶水搅拌均匀后涂饰在破损处，待胶水干燥后再用砂纸砂光，直至边角区域表面变得光滑、顺畅。

表面伤痕处理

对于柜门表面出现的肉眼可见的伤痕，可以选用柔软的布蘸取少许熔化后的蜡液，将其均匀涂抹在油漆表层的擦伤处，这样可以很好地覆盖伤痕。

螺钉端头外凸处理
如果螺钉的端头出现外凸现象，则可以选
择同色或近似色的装饰帽进行遮挡，采用
免钉胶直接覆盖粘贴即可。

下面以修复木质座椅为例，介绍定制家具表面刮伤的修复方法。

①检查刮伤部位，并做记录	②用砂纸打磨刮伤处	③制作修复锯末
④在锯末中添加 502 胶水，然后将其涂抹至刮伤处	⑤待胶水完全凝固后，清除多余锯末	⑥使用 360 号砂纸将刮伤处打磨平整
⑦擦拭残余锯末	⑧调和美术颜料与腻子，使其与家具颜色一致	⑨待颜料干透，再次打磨，并涂饰清漆，待干后打蜡

（a）清除缺口处的污垢
使用铲刀清除定制家具缺角以及凹坑周边
的毛刺、结疤、污垢。

（b）打磨平整
使用砂纸打磨刮伤部位，注意摩擦力度不
可过大。

（c）制作锯末

选用合适的木材，使用锉刀或其他合适工具裁切出锯末。

（d）胶水黏合

将锯末置于刮伤处，并滴入适量的502胶水，使锯末与刮伤处黏合，注意涂抹平整。

（e）削切平整

使用美工刀削切凸起的锯末，应缓慢谨慎进行。

（f）打磨平整

用砂纸将已填补锯末的刮伤处打磨平整。

（g）填补油漆色料

新填补的色彩应与定制家具原有色彩保持一致。

（h）待干后喷涂光泽漆

涂色厚度要控制好，确保没有遗漏，待其自然风干后可根据需要喷涂透明光泽漆。

定制家具表面刮伤修复

7.4.5　新增储物隔板

当柜体储物空间不足时，为了有效地利用空间，更大幅度地提升定制家具的使用效率，可适当增加储物隔板。通常应根据存放物品的尺寸来定制储物隔板。新增储物隔板的施工方法如下：

①对需要存放的物品进行分类　②清查备用板材是否够用　③测量需存放物品的轮廓尺寸

④确定所需储物隔板的尺寸，并在板材上画线定位　⑤根据画线加工板材　⑥裁切打磨板材的边缘

⑦清查五金配件是否有遗漏　⑧确定储物隔板安装位置　⑨钻孔安装承板件

⑩在板材周边粘贴封边条　⑪将储物隔板置入柜体内　⑫检查储物隔板安装效果

（a）检查柜内状况

查看需要分类放置的物品的数量与类别，并测量其基本尺寸。

（b）准备板材

清查备用板材，根据设计需要计算板材的实际用量。

（c）测量尺寸

使用卷尺测量储物隔板所需的尺寸，并在板材长边两端画线。

（d）画线定位

使用与板材颜色有较大对比度的油性马克笔画线。

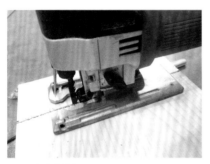

（e）切割板材

使用切割机切割板材。

（f）打磨平整

选用0号砂纸打磨板材裁切面的边缘。

（g）准备承板五金件

配备承板五金件，清点数量，检验质量。

（h）用水平仪放线

选用激光水平仪在柜内找安装储物隔板的水平线。

（i）标记钻孔位置

用马克笔沿着柜内的水平线做记号，以标记钻孔位置。

（j）钻孔

用手电钻钻孔，孔直径为 3 mm，深度为 10 mm。

（k）固定承板五金件

使用手电钻钉入 15 mm 螺钉固定承板五金件。

（l）为收边条涂免钉胶

在封边条上挤上适量的免钉胶，并将其粘贴在储物隔板上。

（m）紧固待干

封边条粘贴完毕后需保持紧固 3 小时。

（n）安装完毕

将板材置入柜体内，检查上、下层板之间是否相互平行。

新增储物隔板

此外，即使是优质的家具，若长期遭受撞击，其耐用性也会有所降低。在日常使用过程中，可考虑将家具落地的支撑构造换成砌筑材料或陶瓷材料。当家具出现问题时要及时修补，并定期维护、保养，这样家具的使用寿命才能得到有效延长。

使用补漆笔修补桌面

补漆笔不易配色，尽量选用色彩相近的成品补漆笔，如果无法购买，也可以选取多支补漆笔调色后使用。

利用原子灰修复损伤

原子灰能修补缺口和凹陷深达 1 mm 以上的破损部位，比锯末修补更细腻。但是原子灰购买后应在 6 个月内使用完毕，避免因干燥导致无法继续使用。

柜体严重损坏时需更换面板

如果柜体或门板损坏十分严重，应当联系厂家调出板料设计图加工定制，运送至现场替换安装。

参考文献

[1] 艾玛·布洛姆菲尔德. 家居软装设计五要素: 教你完美装饰自己的家 [M]. 李婵, 译. 沈阳: 辽宁科学技术出版社, 2019.

[2] 霍泰安. 定制家具五金连接件使用手册 [M]. 广州: 华南理工大学出版社, 2016.

[3] 叶翠仙, 陈庆瀛, 罗爱华. 家具设计: 制图·结构与形式 [M]. 北京: 化学工业出版社, 2017.

[4] 曾东东. 家具生产技术 [M]. 北京: 中国林业出版社, 2014.

[5] 江功南. 家具制作图及其工艺文件 [M]. 北京: 中国轻工业出版社, 2011.

[6] 陈根. 家具设计看这本就够了 [M]. 北京: 化学工业出版社, 2017.

[7] 青木大讲堂. 全屋定制设计教程 [M]. 南京: 江苏科学技术出版社, 2018.

[8] 陈民兴. 全屋定制家风格精装房 [M]. 郑州: 郑州大学出版社, 2019.

[9] 郭琼, 宋杰. 定制家居终端设计师手册 [M]. 北京: 化学工业出版社, 2020.

[10] 罗春丽, 贾淑芳. 定制家具设计 [M]. 北京: 中国轻工业出版社, 2020.

同类书推荐

《全屋定制家居设计全书》
定价：58.00 元

《全屋定制设计教程》
定价：328.00 元

《全屋定制 设计与风格》
定价：69.80 元

无论是设计师还是安装工，本书都能提升从业人员的业务素养，使之深入了解全屋定制制作流程。本书所用材料、工艺一目了然，内容细节一应俱全，将图纸上的理论转换为实践技术操作，解决专业难题，让门外汉迅速进入专业角色，学到更多知识点。

——全屋定制设计师 凯宇

全屋定制在国内全面展开，很多从业者的创作思维还停留在以往硬装修的层次上，本书彻底刷新了从业人员的设计观，将最新的设计思想公布于众，有利于提升整个行业的从业水平。

——全屋定制项目经理 安在常

全屋定制是目前装饰装修行业的风向标，其精湛的工艺是传统装修所无法比拟的，本书全方位展示了定制家具的生产、制作流程，是了解该行业的秘籍，正是我所需要的。

——全屋定制投资商 吴俊杰

作者秉持"匠心"和"创新"的理念，总结出一系列全屋定制生产与安装知识。知识涵盖面广泛，涉及行业基础、材料选择、生产加工、安装维护等全套内容，可以作为一线设计公司的培训教程。

——室内设计师 陆捷

作者走访了全国 130 家全屋定制门店，将一线施工员的工作诉求纳入本书中，精确定位全屋家具制作流程，对每种工艺进行深度解析，列出全方位安装工艺流程，对照本书步骤同步操作，能大幅度提高施工效率。

——家具施工员 黄友梁

地 址：天津市南开区大学道199号天铁科贸大厦5层
电 话：86-22-87893668（直线）
　　　 86-22-87891888 / 87897383（总机）
E-mail：ifengspace@163.com

凤凰空间官方微信 获得更多免费优质资源

上架建议：室内设计

ISBN 978-7-5713-2441-4

9 787571 324414 >

定价：69.80 元